概率基
多目标优化
原理及应用

郑茂盛　于　洁　滕海鹏　著

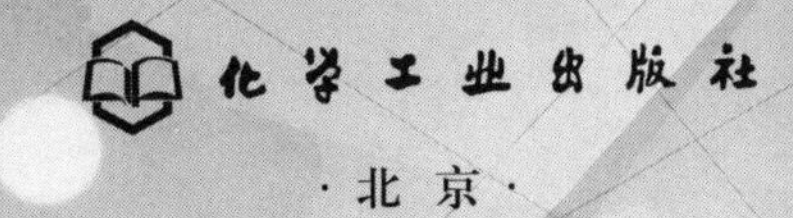

·北京·

内容简介

《概率基多目标优化原理及应用》以系统论的观点，从概率论的角度阐述了概率基多目标优化理论的基本原理和应用。书中首次引入一个崭新概念——青睐概率及其量化方法，并将概率基多目标优化方法与实验设计方法相结合，如响应面法、正交试验设计和均匀试验设计，建立了概率基多目标试验设计方法。书中同时给出了概率基稳健、设计、概率基多目标优化的离散化处理、序贯优化及其误差分析，对概率基模糊多目标优化、多个目标的聚类分析、多目标最短路径和金融、机械加工等问题也进行了介绍。

《概率基多目标优化原理及应用》可供在相关领域深入挖掘的研究人员参考，也可作为相关专业高年级本科生和研究生的教材。

图书在版编目（CIP）数据

概率基多目标优化原理及应用 / 郑茂盛，于洁，滕海鹏著. —北京：化学工业出版社，2024.2

ISBN 978-7-122-44545-2

Ⅰ.①概… Ⅱ.①郑… ②于… ③滕… Ⅲ.①多目标（数学）-最佳化-研究 Ⅳ.①O224

中国国家版本馆 CIP 数据核字（2023）第 232122 号

责任编辑：宋林青　　文字编辑：刘志茹
责任校对：刘曦阳　　装帧设计：关　飞

出版发行：化学工业出版社
（北京市东城区青年湖南街 13 号　邮政编码 100011）
印　　装：大厂聚鑫印刷有限责任公司
710mm×1000mm　1/16　印张 10¼　字数 166 千字
2024 年 3 月北京第 1 版第 1 次印刷

购书咨询：010-64518888　　售后服务：010-64518899
网　　址：http://www.cip.com.cn
凡购买本书，如有缺损质量问题，本社销售中心负责调换。

定　　价：88.00 元

前言

作者课题组从20世纪90年代初开始致力于材料设计和性能优化研究，特别是第一作者讲授相关课程约30年，经历了较多的场景。由于材料及其性能指标的数量巨大，应用领域广泛，这促使人们更加重视认识材料行为的本质，并发展适当的思想和方法来刻画和表征材料结构与性能之间的关系和联系，既包括微观层次的，当然也包括宏观上所遇到的材料的优化和优选。2019年，我们在Springer出版了*Elastoplastic Behavior of Highly Ductile Materials*专著，旨在从弹塑性行为和抗失效等角度论述高的材料韧性对构件安全性的益处。我们新近出版的*Probability-based Multi-objective Optimization for Material Selection*（2nd Edition）（2023，Springer，新加坡）专著，以系统论的观点，以及概率论的方法，着眼于在实际工程应用中材料的效用，论述了材料的合理选择和全面/综合的定量评价，它可以看作是材料应用和前景评价的一个分支，其思想和方法具有新颖性。

从古至今，优化不可避免地影响着人类的日常生活。当然，在古代可供选择的事物（包括材料）的数量很少，对优化选择的需要也很有限。但是，今天可供选择的事物的数量和质量都非常之多，就需要人们进行优化选择。对于材料而言，所能提供的创新机会也是很多的。只有从大量材料库中进行合理选择，才能获得“优选”的适当材料；同时，材料的选择通常与其制造工艺、成本和全寿命期的环境友好性等有关，因此材料的选择实际上并不是一件容易的事情。

当只需考虑一个目标时，称为“单目标优化”，其解答相对简单，包括普通的最优化方法和华罗庚教授推广的优选法。然而，对于多个目标的同时优化问题，其解答尚未规范化。

本书以系统论的观点，揭示出多个目标优化的本质是“多个目标的同时优化”，这就要求我们所采用的研究方法能够体现这个科学问题的内秉特征。为此，我们寻觅到了集合论、概率论和聚类分析等方法。分析表明，两个集合的“交集”以及两个独立事件的“联合概率”就可以用于表征“事件的同时出现”。当我们把“多个目标同时优化”问题中“每个目标”都等效于一个“独立事件”时，“多个目标同时优化”问题就柳暗花明了。而将“每个目标”等效于一个“独立事件”又有赖于以聚类分析的方法能够从“多个目标”中分离出“独立事件”。这样就建立了概率基多目标优化方法。为了较深刻地理解本书的内容，读者需要预先了解一些系统论、概率论和最优化理论的基础知识。

本书通过阐述概率基多目标优化方法及其应用，旨在合理地处理多目标优化中的相关问题。在处理中，引入了一个全新的概念，即“青睐概率”，以反映各候选对象性能指标效用受“青睐”的程度，候选对象的总体/总青睐概率是其在定量选择中唯一的决定性指标。这种新方法与实验设计方法的结合，包括正交试验设计、响应面方法和均匀试验设计，就构建了概率基多目标试验设计方法。书中还包括概率基多目标优化意义下的稳健设计；基于好格点的离散化处理、序贯优化以及误差分析；概率基模糊多目标优化；多个目标的聚类分析及目标选择方法；概率基多目标优化方法的广泛应用，如在选材、化工过程、医疗、国防、多目标规划、多目标最短路径问题等方面的应用。

以系统科学的观点，按照多目标优化的内涵应是“多个目标的同时优化”的思路，主要采用概率论和集合论的方法，提供一个理性化的科学方法，是本书的特色。如果能使读者从本书中获得有价值的信息和启发，就达到了我们的心愿。

本书第 1 章简要介绍了多目标优化理论的概况；第 2 章以系统论的观点剖析了多目标优化方法的内涵，并指出现有方法与“多个目标同时优化”意旨的差异性，主要包括线性加权法、帕累托解法和ε-约束解法，多目标优化的常用算法，以及选材的层次分析法（AHP）、VIKOR 法、TOPSIS 法、MOO 法和 Ashby 法等；第 3 章以系统论的观点，阐述了概率基多目标优化的基本原理和方法；第 4 章阐述了概率基多目标试验设计方法，即概率基多目标正交试验设计、多目标响应面设计和多目标均匀试验设计方法；第 5 章论述了概率基多目标优化意义下的稳健设计；第 6 章阐述了在概率基多目标优化评估中的后续内容，基于好格点和均匀试验设计的离散化处理、序贯优化以及误差分析；第 7 章论述概率基模糊多目标优化；第 8 章介绍多个目标的聚类分析及目标选择；第 9 章介绍概率基多目标优化方法的广泛应用；第 10 章总结。

崔莹、王怡参加了本书有关内容的分析和计算工作，在此鸣谢。作者还要感谢郑建龙、刘开平、仝明信等教授，沈小伉先生在技术交流方面给予的持续支持。希望本书能起到抛砖引玉的作用，激发起相关领域对有关问题的审视和穷究，在研讨和应用中成长，进而形成理性的科学方法。

作者

2023 年 9 月于西安

目录

第1章 多目标优化理论概况 / 001

1.1 引言 002
1.2 “单目标优化”问题 003
1.3 多目标优化的发展 004
1.4 小结 006
参考文献 006

第2章 多目标优化方法现状分析 / 008

2.1 引言 009
2.2 多目标优化问题 009
2.3 常用的主要解法及其现状剖析 010
2.4 多目标优化算法 011
2.5 多目标选材问题 012
2.6 常用解法的问题汇总及展望 015
2.7 “概率基多目标优化”方法进展情况 015
2.8 小结 016
参考文献 016

第3章 系统论观点下概率基多目标优化的基本原理和方法 / 019

3.1 引言 020

3.2　系统思想和方法的主要特征　020
3.3　系统论观点下的多目标优化　023
3.4　概率论角度下的定量评价　025
3.5　应用举例　027
3.6　小结　035
参考文献　035

第 4 章　概率基多目标试验设计方法 / 037

4.1　引言　038
4.2　概率基多目标优化与正交试验设计的结合　039
4.3　概率基多目标优化与响应面方法设计的结合　043
4.4　概率基多目标优化与均匀试验设计方法的结合　051
4.5　小结　055
参考文献　055

第 5 章　概率基多目标优化意义下的稳健设计 / 058

5.1　引言　059
5.2　基于概率的多目标优化稳健设计　060
5.3　应用　061
5.4　小结　065
参考文献　065

第 6 章　离散化处理、序贯优化以及误差分析 / 067

6.1　引言　068
6.2　离散化处理　068
6.3　序贯优化　078
6.4　误差分析　084
6.5　小结　091
参考文献　091

第 7 章　概率基模糊多目标优化 / 095

7.1　引言　096
7.2　概率基模糊多目标优化模型　097
7.3　应用实例　101
7.4　小结　105
参考文献　105

第 8 章　多个目标的聚类分析 / 107

8.1　引言　108
8.2　聚类分析在多目标优化中的应用　113
8.3　小结　115
参考文献　115

第 9 章　概率基多目标优化方法的广泛应用 / 117

9.1　引言　118
9.2　多目标最短路径问题　118
9.3　在多目标规划问题中的应用　124
9.4　在金融领域的应用　133
9.5　工程项目的多目标优化问题　138
9.6　机械加工过程优化中的应用　139
9.7　多目标机械优化设计　141
9.8　小结　148
参考文献　148

第 10 章　总结 / 152

第1章
多目标优化理论概况

摘要：本章简述了多目标优化的历史和现状，旨在显示多目标优化的复杂性。由于目标的数量和性能很多，考虑问题的角度和方法也应该异于已往。

关键词：多目标优化；历史；现状；复杂性；方法。

1.1 引言

在现实工作和生活中，存在大量的“多目标优化”问题[1]。例如在设计或者加工一种产品时，既需要考虑其使用性能，又需要考虑其成本（原材料成本+制造成本+环保成本等），同时还要考虑产品在使用过程中的可维护性、寿命和可靠性等问题。其中有些设计目标（属性）之间可能还是相互抵触的。比如，提高使用性能可能会引起成本的增加。因此，需要有一个合理的方法，来实施“多目标优化”。以系统论的观点，就是使其设计在整体上达到“最优”，而各个设计目标之间达到某种“协同”或者“协作”。还有，在日常生活中，人们乘坐交通工具时，通常会考虑究竟选择哪种方式恰当，所考虑的“目标”涉及各种交通工具的性能和价格、时间、便捷性等多种“属性”，以企达到整体最优。可见，“多目标优化”问题，在一定程度上就是一个系统科学问题。对于金融领域的投资管理，人们总是希望在获得最大化收益回报的同时使风险最小化；建造桥梁工程时，通常希望总的质量轻、载重大、寿命长，同时还花费低等等。可见，多目标优化（multi-objective optimization，MOO）在实际工作和生活中非常普遍。

因此，建立恰当的方法来处理 MOO 问题，具有重要的现实意义。

就材料而言，迄今已有 160000 种或更多的材料可供设计师和工程师选择和使用[2]。随着新的和可开发性能的新型材料持续不断的出现，更加扩大了选材的范围，这就提出了一个问题，即设计师和工程师如何从庞大的材料库中选择出合意的材料，哪种材料最适合他们的目的？他们怎么知道的？不能孤立地决定材料的选择，而不考虑其相关的加工技术，即相关材料的成型、连接和加工、成本，以及制造和应用对周围环境的影响等。

如今，几乎所有的物品（东西），从家用产品到汽车、飞机，甚至宇宙飞船，从它们的形状、质地、感觉、颜色、美感以及产品的满意度，都需要考虑许多属性。有些方面的属性甚至在设计上是相互冲突的。设计问题几乎总是开放式的，尽管一些解决方案看起来明显比其他更好，但也无法确认它是唯一的或正确的解决方案。不同的设计理念会导致不同的结果。在实践中，材料选择有着悠久的历史，从古代的房屋建筑到现在的日常生活用品购买，随处可见。

本章简述多目标优化的历史和现状，其中包含了一些富有戏剧性和引人入胜的故事。

1.2 “单目标优化”问题

相比于多目标优化问题，当只需考虑一个目标时，就称为“单目标优化”问题，其解答相对简单，包括普通的最优化方法和华罗庚教授（院士）推广的优选法。然而，对于多个目标的同时优化问题，其解答尚未规范化。

在大约公元前 300 年，古希腊著名学者欧几里得（Euclid）就提出，对于周长相同的一切矩形，只有正方形的面积最大，这被认为是“最优化问题”的开端。17 世纪创立的微积分，成为人们对函数求极值的法宝，为最优化理论的研究和应用奠定了基础。其后两个世纪，最优化技术得以快速发展，并演变出了变分法[3]。20 世纪 40 年代初，逐步创立了运筹学，应用到战争中并发挥了作用。后来，为了适应科学发展和技术进步的需要，最优化理论的发展十分迅速。

在 20 世纪 60～70 年代[4-6]，我国著名数学家华罗庚（Hua Loo Keng）教授带领一支小分队走遍 26 个省，进行优选法（optimum seeking method）和统筹法（CPM+PERT）的推广和普及工作，为我国普及优化方法奠定了坚实的基础。CPM 的意思是关键路径法，PERT 指项目评估和审查技术。CPM 和 PERT 是项目管理的两种方法，在 20 世纪 50 年代末几乎同时出现。随着科学技术和生产的迅速发展，出现了许多庞大而复杂的科学研究和工程项目。它们流程多，涉及的合作面广，往往需要大量的人力物力财力。因此，如何合理有效地组织人力和物力，并使它们相互协调，在有限的资源下，以最短的时间和最低的成本，以及最佳的方式完成整个项目，就成为一个突出和重要的问题。华罗庚教授的优选法主要涉及黄金分割法和斐波那契搜索法。通过华罗庚教授的推广工作，优选法被普及，在工业上得到广泛应用。在推广过程中，华罗庚教授还先后出版了《优选法平话及其补充》、《统筹方法平话及其补充》等著作[7,8]。其工作不仅普及了基础知识，进行了民间培训，而且极大地促进了当时的技术和生产的实际发展。此举为“从理论研究到实践”

探索出了一条新的道路。

华罗庚教授在普及时，特别强调从两变量的优选法很容易推广到多变量的情形。更有效的方法是，要在工业生产过程的优选中抓住一个或两个变量等主要因素，以获得更好的生产工艺[6]。

随后，最优化方法迅速发展，产生了不少搜索方法和算法。最优化理论也被陆续应用到航天、电子、自动化、冶金等多种领域。

此外，在 1951 年，英国帝国化学工业的 Box 和 Wilson 创造了响应面方法（RSM）[9,10]，阐述了响应面法在化工过程中的应用，引发了实验设计的工业应用和对该领域研究的关注。在日本，田口玄一提出了“田口方法”，用正交表进行实验设计来处理实际的优化问题，并取得一系列成果[11]。而正交设计以拉丁方理论和群论为基础，可以进行多因素试验。对于不同水平因素的所有组合，试验的数量显著减少。然而，对于较多的试验因素和水平，正交设计的试验数量仍然太高，不能用于一些昂贵的科学或工业化实验。比如，在 1978 年方开泰教授和王元院士就面临一个五变量试验的试验设计问题，每个变量有 18 个水平，当时导弹的总试验次数又被限制在不超过 50 次。对此问题，不可能使用正交设计来实施其设想[12-14]。经过几个月的努力，方王二教授提出了一种新的试验设计理念和方法，称为“均匀试验设计（UED）”，该方法已成功应用于导弹的试验设计。此后，UED 在中国得到了广泛的应用，并取得一系列可喜的成果。UED 属于拟蒙特卡罗方法或数论方法[12-15]。该方法已成功地应用于其他领域，包括多重积分的近似数值计算。

1.3 多目标优化的发展

其实，在我国战国时期，就有了整体优化的思想。田忌赛马的故事，发生在公元前 357～前 354 年，就是一种整体优化思想，涉及一个系统。

对于一组目标函数进行系统地同时优化的过程称为多目标优化（MOO）。宋代建筑学家李诫在 1103 年出版了一本名为《营造法式》的书，其中就涉及木梁的设计，该书系统地描述了木梁的高宽比为 3∶2 的规则[16]，从现代材料力学的角度来看，这是一个综合/全面考虑了梁的强度和刚度的最佳比例；据统计，31 座宋代建筑物的 102 根梁的高宽比超过 1.414∶1 者 79 根，占 77.5%[16]。国外有关多目标优化的线索可追溯到 Nicolas Bernoulli（1687—1759）和 Pierre Remond de Montmort（1678—1719）之间的通信，他们讨论 St. Petersburg 的悖论[17,18]。直到 1738 年，Daniel Bernoulli 发表了他富有影响力的效用理论，才提供了 St. Petersburg 悖论的答案。其结论是人类可以用效用值而不是事物的期望值来进行决策。效用值的含义是，在 MOO 问题中，具有最高效用值者就是从备选方案中选择的最优结果[17]。1879 年，Pareto 创立了 Pareto 最优化方法[18]，这被视为现代 MOO 的主要基础。Marler 等人指出，相比于单目标优化问题，多目标问题的解决方案更像是一个概念[18]。通常，需要确定一组点来满足预定的条件，而不是寻找单一的最优解[18]。帕累托最优的变种就是折衷地解决方案的思想。它需要寻找潜在的最佳点和乌托邦点之间的差异的最小值。所以接下来的事情就是寻找一个折衷的解决方案，并且尽可能接近乌托邦点。折衷解决方案的难点在于"接近"一词的定义。此外，如果在优化中涉及具有不同量纲的目标函数，进行欧几里得规范化处理就成为难事。最常用的方法是多目标优化的标量化。然而标量化函数中的比例因子仍然是一个令人困惑的问题。帕累托最优中的指数 p 和权重因子也一直令人担忧。不同的权重因子，总会导致不同的结果[18]。

1947 年，von Neumann 和 Morgenstern 出版了一本名为《博弈论和经济行为》的书，构筑了经济和社会组织的数学理论，形成了 MOO 的雏形[17]。1951 年 Kuhn 和 Tucker 提出了多目标向量优化概念，1973 年，Yu 提出了解决多目标优化问题的折衷解决方法，在规划与交通投资、发展与规划计量经济学、水资源管理、环境问题和公共政策等领域都有了广泛的应用。

20 世纪 70 年代，继 Bellman 和 Zadeh 的模糊集之后，考虑到主观不确定性，模糊数被引入多目标优化中以处理更为广泛的问题。

近年来，我们以系统论的观点，剖析了多目标优化的内秉含义，为"多个目标同时优化"，从概率论和集合论的角度建立了概率基多目标优化方法（PMOO）。这是从概率论的角度描述多个目标"同时优化"的一种尝试，并进一步将其与均匀试验设计、正交设计和响应面设计相结合，还扩展到稳健性评估等，获得了良好的结果[19-23]。

1.4 小结

科学和技术的快速发展，使得事物更加复杂，产品的设计和事务的处理，以及规划等都成为具有多个目标的优化问题。产品的设计和制造中的材料选择问题，不仅会涉及材料本身的性能、制造工艺及其坚固性、成本问题，还得考察其全寿命期间的环境友好性能等。因此，多目标优化问题，在一定意义上讲就是一个系统科学和工程类问题。以系统论的观点，构建其整体最优的评价方法，应该是一个较为恰当的途径。

我们希望本书的尝试能起到抛砖引玉的作用，激发起相关领域对有关问题的审视和穷究，进而形成科学合理的方法。

参考文献

[1] 谢承旺著. 多目标群体智能优化算法. 北京: 北京理工大学出版社, 2020.

[2] Ashby M. F.. Materials Selection in Mechanical Design. Fourth Edition. Burlington, MA, USA: Butterworth-Heinemann, Elsevier, 2011.

[3] 杨欣欣. 最优化理论研究发展、现状及其展望. 经济研究导刊, 2022, 5(总 499): 150-152.

[4] Gong S.. The Life and Work of Famous Chinese Mathematician Loo-keng Hua. Advances in Applied Clifford Algebras. 2001, 11(S2): 9-20.

[5] Hudeček J.. Hua Loo-Keng's Popularization of Mathematics and the Cultural Revolution. Endeavour, 2017, 41(3): 85-93.

[6] Hua L. K., Wang Y., Heijmans J. G. C.. Popularizing Mathematical Methods in the People's Republic of China: Some Personal Experiences. Boston, USA: Birkhäuser, 1989.

[7] 华罗庚. 优选法平话及其补充. 北京: 国防工业出版社, 1972.

[8] 华罗庚. 统筹方法平话及其补充, 北京: 中国工业出版社, 1966.

[9] Box G. E. P., Wilson K. B.. On the experimental attainment of optimum conditions. Journal of the Royal Statistical Society Series B (Methodological), 1951: 13(1): 1-45.

[10] Myers R. H., Montgomery D. C., Anderson-Cook C. M.. Response Surface Methodology, Process and Product Optimization Using Designed Experiments. 4th

Ed.. John Wiley & Sons, Inc., New Jersey, USA: 2016.

[11] Mori T. Taguchi Methods, Benefits, Impacts, Mathematics, Statistics, and Applications. NY, USA: ASME Press, 2011.

[12] Fan J., Pan J.. Contemporary Experimental Design, Multivariate Analysis and Data Mining, Festschrift in Honour of Professor K. T. Fang, Cham, Switzerland: Springer Nature, 2020.

[13] Fang K. T., Liu M. Q., Qin H., Zhou Y. D.. Theory and Application of Uniform Experimental Designs. Beijing, China, and Singapore: Science Press and Springer, 2018.

[14] Wang Y., Fang K. T., A note on uniform distribution and experimental design. Chin. Sci. Bull., 1981, 26: 485-489.

[15] Wang Y., Fang K. T.. On number-theoretic method in statistics simulation, Sci. Chin. A, 2010, 53(1): 179-186.

[16] 老亮. 中国古代材料力学史. 长沙: 国防科技大学出版社, 1991: 110-119.

[17] Tzeng G. H., Huang J. J.. Multiple Attribute Decision Making Methods and applications. NW, USA: CRC Press. Taylor & Francis Group, 2011.

[18] Marler R. T., Arora J. S.. Survey of multi-objective optimization methods for engineering, Struct. Multidisc. Optim., 26, 369-395, 2004. DOI: 10.1007/s00158-003-0368-6.

[19] Zheng M., Wang Y., Teng H.. An novel method based on probability theory for simultaneous optimization of multi-object orthogonal test design in material engineering. Kovove Materialy, 2022, 60(1): 45-53.

[20] Zheng M., Wang Y., Teng H.. A new “intersection” method for multi-objective optimization in material selection. Tehnički Glasnik, 2021, 15(4): 562-568, https://doi.org/10.31803/tg- 20210901142449.

[21] Zheng M., Wang Y., Teng H.. Hybrid of the “intersection” algorithm for multi-objective optimization with response surface methodology and its application, Tehnički Glasnik, 2022, 16(4): 454-457. https://doi.org/10.31803/tg- 20210 93005 1227.

[22] Zheng M., Yu J., Teng H., et al. Probability-based Multi-objective Optimization for material selection. 2nd Ed. Singapore: Springer, 2023. https://doi.org/10.1007/978-981-99-3939-8.

[23] Farag M. M.. Materials and Process Selection for Engineering Design. 4th Edition. New York: CRC Press, Taylor & Francis Group, 2021: 328-334.

第2章
多目标优化方法现状分析

摘要：本章主要分析了多目标优化方法的现状，包括线性加权法、帕累托解法和 ε-约束，多目标优化的常用算法，以及选材的 AHP（层次分析法）、VIKOR 、TOPSIS（理想解相似度排序法）、MOORA（基于比率的分析法）等，旨在剖析其所存在的根本问题。

关键词：多目标优化；加和算法；归一化；主观因素；不协调；本征问题。

2.1 引言

在日常生活和工程领域中，每个人都是决策者，我们负责根据自己对事件或事物可能的后果或结果的偏好，在事物的许多目标或属性之间做出判断。因此，从某种意义上说，针对多个目标或属性的决策或优化并不新鲜。然而，在具有冲突性的多个目标之间，做出理性的选择并不容易，即使我们都富有实践“经验”，但我们未必能够从整体上科学和合理地作出决策。因此，就出现了众多针对多目标优化问题的决策方法，许多学者也致力于从不同的角度处理这类问题。每种算法的核心问题都试图为决策者提供一种科学、合理的方法，以供其实施评判。

以系统论的观点，一个体系内的多目标优化是指需要对多个目标同时进行优化，而且各个目标之间可能相互“冲突”，即一个目标的优化是以其他目标劣化为代价。因此，需要在它们中间做出协调或协作，使得体系在总体上达到最优。

在本书中，我们将以系统论的观点，从概率论和集合论的角度建立解决多目标优化问题的概率基方法。在这一章，我们先回顾一下多目标优化方法的现状，剖析其所存在的根本问题，为本书的论述奠定基础。

2.2 多目标优化问题

目前，多目标优化的概念已广泛应用在工程设计、金融、交通网络规划、运筹、医疗、卫生、战略规划、水利等众多领域。多目标优化的概念最初出现于经济学领域[1-4]。

一般认为，现代意义上的多目标优化发端于 1881 年，英国牛津大学的 F. Y. Edgeworth 教授定义了多个条件下经济决策优化的概念，以平衡对不同顾客要求的分析。1906 年，瑞士洛桑大学的 V. Pareto 教授提出了著名的帕累托优化理论。即：“一个目标的优化是以牺牲其他目标为代价时，社会才达到资源分配的最优化”。1967 年，R. S. Rosenburg 首次利用进化算法解决多目标优化问题。1971 年以后，Stadler 和 Steuer 等将 Pareto 的理论广泛应用于应用数学和工程领域。1985 年，日本学者 Sawaragi、Nakayama 和 Tanino 关注到 Pareto 的优化理论，并进行了深究和发展。1991 年 MIT 的 M. Dorigo 和 T. Stutzle 提出了多目标蚁群算法。1993 年，C. M. Fonseca 和 P. J. Fleming 提出了多目标遗传算法。近 30 年来，多目标优化已被广泛地运用在工程设计中。2002 年 C. A. Coello 提出了多目标粒子群算法，2006 年，张青富和李辉提出了基于分解的多目标优化算法。这些算法加快了运算速度。

2.3 常用的主要解法及其现状剖析

（1）线性加权法

线性加权法（simple additive weighting，SAW）是多目标优化广泛使用的一种模型。它忽略了不同目标函数之间的量纲差异，通过对不同目标函数制定相应的权重和“归一化”因子，将所有的目标函数经过线性权重“加和”变成“单一目标函数”，进而实施其“总体优化”，并得到“最优解”。该模型所进行的归一化和制定权重因子是其核心的操作步骤。然而，这也是其困惑所在。该模型虽然易于实现，但对于目标的有关处理的合理性无法确定，而且还丢失了各个目标原有的某些信息[3-7]。

事实上，从集合论和概率论的角度，对于多个目标采用“加和”方式的操作，就是一种“并集”的做法；并且，从集合论和概率论的角度来看，对于多个“独立事件”其“同时出现”的情况，应该采用“交集”和“联合概率”的方式来刻画更为合理。

（2）帕累托解法

帕累托（Pareto）解法被视为多目标优化的经典模型，它基于原始数据，不需将问题转化成单目标问题，也不需要对目标函数进行归一化。但是，帕累托模型只能给出一个解的集合。因此，真正的最优解仍然是待定的[8]。

（3）ε-约束解法

1971 年，Haimes 等人提出了 ε-约束的多目标优化模型，是从 k 个目标中选择出一个作为优化的目标，剩余的（$k-1$）个目标则转化为约束条件[9-12]。

由于此种解法把“$k-1$”个目标转变成约束条件，就将原本的多目标优化问题“退化”成“单一目标优化”问题进行求解。显然，这种解法失去了“多目标优化”所具有的“多个目标”应该“同时优化”的本征内涵。

2.4 多目标优化算法

帕累托解法求解多目标优化问题的关键是，需要在决策空间中找出最优解的集合，并在各分目标函数的最优解之间进行协调和权衡，以使各分目标函数尽可能达到近似最优。依此解法，多目标优化问题不存在唯一的全局最优解，而是要寻找一个最终解。得到最终解可通过各种算法来实现，如进化算法、模拟退火算法、蚁群算法、粒子群算法和遗传算法，及其改进算法和组合等[13-21]。

① 进化算法

它是一种仿生优化算法，主要包括遗传算法、进化规划、遗传规划和进化策略等。根据 Darwin（达尔文）的“优胜劣汰，适者生存”的进化原理及 Mendal 等人的遗传变异理论，在优化过程中模拟自然界的生物进化过程与机制，求解优化与搜索问题。进化算法具有自组织、自适应、人工智能、高度的非线性、可并行性等优点。进化算法能够在一次运行中获取多个 Pareto 最优解，构成近似问题的 Pareto 最优解集，还可以处理所有类型的目标函数和约束，采用基于种群的方式组织搜索、遗传操作和优胜劣汰的选择机制，不受其搜索空间条件的限制。但如何保证算法具有良好的收敛性仍是一个热点问题。

② 模拟退火算法（simulated annealing，SA）

它是根据固体物质的退火过程与一般组合优化问题之间的相似性，基于 Monte-Carlo 迭代求解策略的一种随机寻优算法。SA 在初始温度下，伴随温度参数的不断下降，结合概率突跳特性在解空间中随机寻找目标函数的全局最优解，即在局部最优解能概率性地跳出并最终趋于全局最优。该算法通用性强，对问题信息依赖较少，但在多目标优化领域的研究与应用尚少。

③ 蚁群算法（ant colony optimization，ACO）

它是一种在图中寻找优化路径的正反口的新型模拟进化算法，具有并行性、分布性、正反馈性、自组织性、较强的鲁棒性和全局搜索能力等特点。这种方法目前已成功地解决了旅行商（TSP）问题、Job-Shop 调度问题、二次指派问题等组合优化问题。蚁群算法需要的参数少，设置简单，但在连续空间求解多目标优化问题时存在一些困难。其次，蚁群算法需要较长的搜索时间、容易出现早熟停滞现象。

④ 粒子群算法（particle swarm optimization，PSO）

它是 1995 年由美国社会心理学家 Kennedy 和电气工程师 Eberhart 共同提出的，源于对鸟群觅食过程中的迁徙和聚集的模拟。它收敛速度快、易于实现且仅有少量参数需要调整，目前已经被广泛应用于目标函数优化、动态环境优化、神经网络训练等许多领域。但直接用粒子群算法处理多目标优化问题，很容易收敛于非劣最优域的局部区域，以及如何保证算法的分布性等问题，Coello 等人提出了基于 Pareto 的多目标粒子群算法（MOPSO），强调了粒子和种群之间作用的重要性[12]。

⑤ 遗传算法（genetic algorithm，GA）

它是进化算法的一种，1970 年代由美国密执安大学 John Holland 教授提出，从生物进化的过程中得到灵感与启迪，模拟人和自然“物竞天择，适者生存”的自然选择的法则而创立的。其主要优点：一是保证算法的收敛性，即在目标空间内，所求得的 Pareto 最优解集与实际 Pareto 尽可能地接近；且 Pareto 最优解集的分布特性较好（如均匀分布），分布范围宽阔，还具有很好的稳健性；新的遗传算法引入精英概念，提高了 Pareto 最优解的搜索效率；引入用户的偏好信息，以交互的方式表达偏好，使用决策者的偏好信息来指导算法的搜索过程和范围。

2.5 多目标选材问题

对于材料选择，Farag 等人提出了产品设计、材料选择和成本估算相关活动的综合方法[22,23]。首先，利用设计约束和性能要求，将候选材料的数量缩减到有限个。然后试着把每种候选材料都用于设计，再进行成本估算。以效益-成本分析作为优化技术，进行初步材料选择，从而挑选出最佳设计-材料组合。这种方法缺乏对其他属性的定量比较，例如制造和加工技术的难度以及环境问题等。在他的书中还介绍了绩效指数法[24]，它实际上是简单加法加权（SAW）的一种衍生形式，只是通过引入一个比例因子，来克服原始加权属性法中不同单元组合的缺点[22,23]。更为严重的是，在定标过程中，对于有利属性（效益型）指标的定标值与其属性的性能值成正比，而不利属性性能（成本型）指标的定标值与归一化属性的性能值成反比，这显然将成本型属性和效益型属性置于一个不对等的位置[22,23]。Saaty 提出了层次分析法（AHP）[25]，AHP 是一种通过成对比较的测量方法，它依靠专家判断来给予优先权。通过规模化处理，对有关属性进行相对计量[25]。使用绝对判断尺度进行比较，绝对判断尺度表示在给定属性方面一个元素支配另一个元素的程度。事实上，归一化因子（分母）是在缩放过程中由主观选择的，它影响每个决策矩阵元素的确切值，并决定比较的最终结果。不同的缩放算术运算，如向量归一化、线性缩放、极值处理、标准差归一化等，会导致不同的后果。Opricovic 开发了 Vlekriterijumsko Kompromisno Rangiranje（VIKOR）方法[26]，确定了折衷排序列表、折衷解决方案以及使用初始（给定）权重获得的折衷解决方案偏好稳定性的权重稳定性区间。与“虚拟理想解方案”的“接近程度”用于衡量多标准排序指数（q）。另一方面，在其 q 值的评估程序中引入了一个额外的人为加权因子。1981 年，Hwang 和 Yoon 初步提出了根据与理想解的相似性对偏好进行排序的技术（TOPSIS），Chen 和 Hwang 于 1992 年进行了进一步的发展[27]。在 TOPSIS 方法中，有两个“虚拟理想点”，即所谓的“正理想解”和“负理想解”。TOPSIS 采用最小化到正理想解的距离和最大化到负理想解的距离的方法来获得最佳方案。此外，在 TOPSIS 方法中采用欧氏距离和归一化决策矩阵对方案的正理想解和负理想解进行评估。通过对欧氏距离进行排序，得到方案的偏好顺序。表 2.1 给出了 TOPSIS 方法常用的一些归一化策略，表 2.2 列举了 TOPSIS 的距离度量（函数）。然而，归一化因子的有效性和归一化中的“虚拟理想点”的合理性无从确认。Brauers 等提出了基于比率分析（MOORA）离散备选方案的多目标优化（MOO）[28]。在这种方法中，需要一个比率系统，备选方案的每个响应除以一个归一化因子（分母），该因子代表所有备选方案的目标。此外，根据优化中最大化或最小化的情况，增加或减少这些响应。显然，在 MOORA 方法中，对备选方案的每个响应选择归一化因子的合理性以及算术运算过程中“根据优化中最大或最小的情况进行加减”算法，其道理并未阐明。Ashby 为选材开发了一个材料选择图表，该图表中给出了两个性能指标[24]。图表中材料的各种物理性质（即电导率、杨氏模量等）来自于材料的基本参数。Ashby 方法只适用于材料的初步筛选，因为在该方法中缺乏对其他指标有效的比较，如加工技术、制造难度和环境等。因此，该方法适用于材料的初步筛选。

表 2.1　TOPSIS 方法中的一些归一化策略

名称	策略
矢量归一化（vector normalization）	$r_{ij}=\dfrac{x_{ij}}{\left(\sum\limits_{i=1}^{m}x_{ij}^{2}\right)^{0.5}}$，$i=1,2,\cdots m;j=1,2,\cdots n$
线性归一化（linear normalization）1	效益型指标：$r_{ij}=x_{ij}/x_j^*,i=1,2,\cdots m$；$j=1,2,\cdots n$；$x_j^*=\max_i\{x_{ij}\}$； 成本型指标：$r_{ij}=x_j^\prime/x_{ij}$,或 $r_{ij}=1-x_{ij}/x_j^*$，$i=1,2,\cdots m$；$j=1,2,\cdots n$；$x_j^\prime=\min_i\{x_{ij}\}$
线性归一化 2	效益型指标：$r_{ij}=(x_{ij}-x_j^\prime)/(x_j^*-x_j^\prime)$ 成本型指标：$r_{ij}=(x_j^*-x_{ij})/(x_j^*-x_j^\prime)$
线性归一化 3	$r_{ij}=\dfrac{x_{ij}}{\sum\limits_{i=1}^{m}x_{ij}}$,$i=1,2,\cdots m$；$j=1,2,\cdots n$
非单调归一化（non-monotonic normalization）	$\exp\left(\dfrac{-z^2}{2}\right)$，$z=\dfrac{x_{ij}-x_j^0}{\sigma_j}$，$x_j^0$ 表示最偏好值，σ_j 表示第 j 个属性的标准差

表 2.2　TOPSIS 中的距离度量（函数）

名称	方法
明科夫斯基（Minkowski）L_p 度规	$L_p(x,y)=\{(\sum\limits_{j=1}^{n}\lvert x_j-y_j\rvert)^p\}^{1/p}$，$n$ 是维数或者方向数，$p\geqslant1$
加权（weighted）L_p 度规	$L_p(x,y)=\{(w_j\sum\limits_{j=1}^{n}\lvert x_j-y_j\rvert)^p\}^{1/p}$，$n$ 是维数，$p\geqslant1,2,3\cdots$，w_j 表示第 j 维数或者方向的权重因子

2.6 常用解法的问题汇总及展望

综上所述，多目标优化的理论和求解方法仍然存在着理论不完善、算法不成熟等问题。

帕累托模型只能给出解的集合，而不能给出最优解。“加和”式的解法，不仅涉及归一化缩放因子和权重因子的确定等问题，而且从集合论和概率论的角度来看，它也有悖于多目标优化所具有的多个目标“同时优化”的根本内涵。ε-约束解法用“一个目标的优化”取代“多目标优化”，失去了“多个目标同时优化”本质的真实含义。

与选材相关的方法，也不尽人意，属于非完全定量的。

“多目标优化”是一个整体性优化的问题，并已成为众多领域的共同议题。欲恰当解决“多目标优化”问题，就需要以系统论的观点，从整体上深刻揭示“多目标优化”的本征内涵，以及各个目标之间的内在关系导向；从系统工程的角度，探讨“多目标优化”的异质同型的系统性，可建立普适的各个多目标之间统筹兼顾的系统模型。

因此，以系统论的观点另辟蹊径，才可能建立一个符合其内涵的方法。

2.7 “概率基多目标优化”方法进展情况

近年来，我们基于系统论的观点，以集合论和概率论的方法，初步创立了“概率基多目标优化方法”，并于2022年在Springer出版了*Probability-based Multi-objective Optimization for Material Selection*专著[6]。该方法就是遵循“多个目标同时优化”的内涵和精神，以概率化的方式来刻画各个备选对象每一目标的效用值，引入“青睐概率”的概念，并定量地给出其“偏青睐概率”的数值，再依照概率论的基本原理，以其所有“偏青睐概率”的乘积得到某一备选对象的“总青睐概率”，并以此作为该备选对象在多目标优化过程中的唯一指标参与评估和排序。

“总青睐概率”是一个从概率论的角度体现“多个目标同时优化”的指标，它以统筹兼顾的方式刻画了备选对象的各个目标（属性）的贡献，该方法可望成为解决“概率基多目标优化”的基本方法。

2.8 小结

以系统论的观点，从整体上深刻揭示“多目标优化”的本征内涵，对其中包含的知识结构和数理逻辑进行梳理和精细化，构建“概率基多目标优化理论体系”，规范实际应用方法，形成具有中国特色的原创的“多目标优化”理论体系。并以专著的形式出版有关内容和结果，旨在抛砖引玉，推动我国原创性知识体系的形成，以及在国内的扩散和应用，服务我国建设，促进科技和教育事业的发展。

参考文献

[1] Cui Y, Geng Z, Zhu Q, Han Y. Review: Multi-objective optimization methods and application in energy saving. Energy, 2017, 125: 681-704.

[2] de Weck O. L.. Multiobjective optimization: history and promise, invited keynote paper GL 2-2, Third China-Japan-Korea Joint Symposium on Optimization of Structural and Mechanical Systems (CJK-OSM 3), Oct. 30-Nov. 2, Kanazawa, Japan.

[3] Huang B., Fery P., Zhang L.. Multiobjective optimization for hazardous materials transportation, Journal of the Transportation Research Board, No. 1906, 64-73, 2005.

[4] 赵克全, 杨新民, 夏远梅. 多目标问题的完全标量化. 中国科学：数学. 2021, 51: 411-424.

[5] Yasonik J.. Multiobjective de novo drug design with recurrent neural networks and nondominated sorting, Journal of Cheminformatics, 2020, 12: 14.

[6] Zheng M., Teng H., Yu J., Cui Y., Wang Y.. Probability-Based Multi-objective Optimization for Material Selection. Singapore: Springer, 2022.

[7] Liu R., Li N., Peng L., Wu K.. A special point-based transfer component analysis for dynamic multi-objective optimization, Complex & Intelligent Systems, 2022, https://doi.org/10.1007/ s40747-021-00631-3.

[8] 杨淑娟，车佳玲. FRC 对角斜筋小跨高比连梁多目标优化设计. 土木工程, 2018, 7(6): 781-789.
[9] French M.. Fundamentals of Optimization: Methods, Minimum Principles, and Applications for Making Things Better. Cham, Switzerland: Springer, 2018.
[10] Matsumoto A., Szidarovszky F.. Game Theory and Its Applications. Tokyo, Japan: Springer, 2016.
[11] Mirjalili S., Dong J. S.. Multi-objective Optimization Using Artificial Intelligence Techniques, Cham, Switzerland: Springer, 2020.
[12] Ceberio M., Kreinovich V.. Constraint Programming and Decision Making: Theory and Applications. Cham, Switzerland: Springer, 2018.
[13] 刘天宇，曹磊. 多任务机制驱动的高维多目标进化算法. 西安电子科技大学学报(自然科学版), 2022, 49: 134-143.
[14] 雷德明，严新平，吴智铭. 多目标混沌进化算法. 电子学报，2006, 34: 1142-1145.
[15] 潘峰，龙福海，施启军，等. 矩阵结构遗传算法. 计算机技术与发展，2022, 32: 121-125.
[16] Dorigo M., Gambardella L. M.. Ant colony system: a cooperative learning approach to the traveling salesman problem. IEEE Trans. Evolutionary Computation, 1997, 1: 53-56.
[17] 张丹丽，曹锦，高彦杰. 多目标进化算法研究综述. 科技创新与应用，2021, 11-28, 69-71,74.
[18] 关秦川. 多目标模糊优化问题的神经网络解法. 西南交通大学学报，2002, 37: 338-342.
[19] 张晓丽，杨建强，常春影，等. 多目标模糊优化方法及其在工程设计中应用. 大连理工大学学报, 2005, 45: 374-378.
[20] 冯茜，李擎，全威，等. 多目标粒子群优化算法研究综述. 工程科学学报，2021, 43: 745-753.
[21] 王万良，金雅文，陈嘉诚，等. 多角色多策略多目标粒子群优化算法. 浙江大学学报(工学版). 2022, 56: 531-541.
[22] Farag M. M., EI-Magd E.. An integrated approach to product design, materials selection and cost estimation. Materials & Design, 1992, 13: 323-327.
[23] Farag M. M.. Materials and Process Selection for Engineering Design. 4th Edition. 2021: 328-334. New York, USA: CRC Press, Taylor & Francis Group.
[24] Ashby M. F.. Materials Selection in Mechanical Design. Butterworth-Heinemann Ltd, 1992, Burlington, USA.
[25] Jahan A., Edwards K. L.. A state-of-the-art survey on the influence of normalization

techniques in ranking: Improving the materials selection process in engineering design. Materials and Design, 2015, 65: 335-342.

[26] Opricovic S., Tzeng G. H.. Compromise solution by MCDM methods: A comparative analysis of VIKOR and TOPSIS. Europ. J. of Operational Research, 2004, 156: 445-455.

[27] Wang P., Zhu Z., Wang Y.. A novel hybrid MCDM model combining the SAW, TOPSIS and GRA methods based on experimental design. Information Sciences, 2016, 345: 27-45.

[28] Brauers W. K. M., Zavadskas E. K.. The MOORA method and its application to privatization in a transition economy. Control and Cybernetics, 2006, 35: 445-469.

第3章 系统论观点下概率基多目标优化的基本原理和方法

摘要：本章以系统论的观点分析了多目标优化的科学内涵和实质其实是多个目标的同时优化。从集合论和概率论的角度分析了系统内“多个目标同时优化”的基本方法是“交集”和“联合概率”等整体性方法。进一步引入了“青睐概率”的概念及其表征方法，建立了概率基多目标优化的基本原理和方法。

关键词：系统论；多目标优化；同时优化；整体性；青睐概率；交集；联合概率。

3.1 引言

战国时期，李冰父子组织兴建的都江堰水利工程是古今中外最为悠久的大型项目，至今一直发挥着作用，带来了巨大的经济效益和社会效益。该工程跨越川内 27 个县市，灌溉面积达九百多万亩，不仅是川西平原农业的重要资源，而且使当地农业免受旱涝灾害的侵袭，还布局了近千座中小型水电站[1-3]。从都江堰的精妙选址，到各种设施的整体配合，都成功地解决了自动调节水量、排沙、排洪等关键技术，形成了可靠性能高、费用低、效益大、维护简便等一系列从总体上达到系统优化的“系统工程”，体现了集管理、修筑、维护一体化考虑的“系统工程”思想。

宋代建筑学家李诫在《营造法式》中描述的木梁高宽比 3∶2 规则[4]，从现代材料力学的角度来看，这也是一个综合/全面考虑梁的强度和刚度的最佳比例。

现代意义上的系统科学与工程萌芽于 1930 年代的美国，并于 1960 年代在世界范围内扩散。到了 1980 年代，系统科学已经渗透到科学技术、工业、农业、经济、国防、管理、环境生态等各个领域[5-7]。

3.2 系统思想和方法的主要特征

系统科学与工程是人类社会生产实践和科学技术发展的必然产物，系统思想也是辩证唯物主义的重要内容[5-7]。现代科学技术的发展又对系统思想和方法产生着重大影响，系统思想是进行分析和综合的辩证思维工具，而且通过定量的表述，在系统工程的实际应用中不断修正和提高，形成一种系统思维逐步过渡到专门科学——系统科学的方法论。

“系统”一词是指有机联系的统一体。美籍奥地利理论生物学家冯·贝塔朗菲（Ludving von Bertalanffy）认为系统是“相互作用的诸要素的综合体”。

我国现代系统工程研究可追溯到 1950 年代。1956 年，中国科学院在钱学森院士、许国志院士的倡导下，创立了第一个运筹学小组；在1960年代，著名数学家华罗庚教授大力推广应用统筹法、优选法。我国的导弹等现代化武器的总体设计，在钱学森院士的领导下积累了丰富经验，国防尖端科研"总体设计部"取得了显著成效。1977年以来，系统工程的推广和应用也呈现了新的局面。

（1）系统的构成和分类

我国系统科学界对系统通用的定义是：系统是由相互作用和相互依赖的若干组成部分（要素）结合而成的，是具有特定功能的有机整体。

系统构成必须具备三个条件：

① 系统必须由两个或者多于两个的部分（组元、元素）构成，各个部分是构成系统的最基本的单位（单元），也可以视为系统存在的载体和基础；

② 各个部分之间存在着一定的有机联系，从而使得系统的外部和内部形成一定的秩序或结构；

③ 任何系统都必须具有特定的新功能，此种新功能是由系统各个部分的有机联系和构成所决定的。

系统与部分之间，以及各个部分之间的对立统一，使得系统能够发挥其特殊的功能。

系统可以按照形态进行如下分类：

① 天然系统和人造系统；

② 实体系统和概念系统。实体系统是以各种实体物质组成的系统，其具体表现形式就是以硬件为主。概念系统则是以概念、原则、原理、方法、制度、程序等观念性非实体物质所组成的系统，以"软件"形式为主体表现出来，如杨氏模量、延伸率、程序系统、规范系统等；

③ 封闭系统和开放系统；

④ 静态系统和动态系统；

⑤ 对象系统和行为系统；

⑥ 控制系统和因果系统。

（2）系统的特性

认识系统、研究系统、掌握系统思想的关键就是要通过澄清系统的特性来进行活动。一般认为，系统应当具备整体性、相关性、目的性和环境适应性四个特征。

① 整体性

整体性主要体现在系统的整体功能。系统的整体功能不是各组成部分功能的简单叠加，也不是组成要素的简单拼凑。系统的整体功能专指由各组成部分构成的新功能，这个特性通常被概括为“系统整体不等于其组成部分之和”，而是“整体大于部分之和”。

② 相关性

系统内的各个部分是相互联系和相互作用的。相关性就是表明这些组成部分之间的有机关系和关联性、约束。如果系统内某一部分发生变化，则其他相关联的部分也必然做出响应或调整，从而保持系统整体的工作状态。

③ 目的性

系统的目的性指根据人们实践的需要而确定的目的。有时人造系统的目的性还不是单一的一个目的。

比如，大学管理系统，需要在限定的资源和职能机构的配合下，按期完成学生招生、毕业、科研计划，同时实现规定的教学质量、办学成本、办学效益、社会效益等指标。

④ 环境适应性

环境适应性指系统需要对其所处的“身外之事物”（信息、物质、能量）的变化做出响应或调整，以适应环境的变化。

总之，按照系统论的观点，就可以对系统做出全面的分析和部署。

系统工程就是在系统论思想的指导下，以研究思路的整体化、应用方法的综合化，和组织管理上的科学化、现代化，实现系统的有效“运行”。这些也是其精髓和特色所在。

许国志教授指出[8]，在一个系统中，某种因素是它的内因，而在另一种系统的划分之下，又被划分成了外因。决定系统演化的因素如果被划分到系统之外，就可以看成是“外因控制”，就可以运用“他组织理论”进行分析。当把这个控制系统演化的因素划分到系统之内时，就可以用“自组织理论”来分析其中的各个内因之间的关系。

通常，由于系统的划分方式不同，影响系统演化的原因可能被当做外因，也可能被作为内因。从而就导致了应该选择他组织理论，还是选择自组织理论，进行更进一步研究和分析的问题。实际上，划分的方式，应该视研究和分析的简便易行程度而定。自组织理论以德国科学家 H. Haken 创立的协同学（Synerfetics）为代表[9]，其中的“协同作用”是指在一个系统内部，各子部分之间的协同行为会产生出超越其各部分自身的单独作用，从而就构成了整个系统的统一的功能。协同作用是任何一个系统本身所固有的自组织功能。

3.3 系统论观点下的多目标优化

多目标优化，是指体系（系统）里包含了多目标，各个目标不能分离，而且需要同时优化，具有整体性和关联性的特征。

比如，制造飞机某些部件的材料，人们需要其强而韧，同时还要轻，对环境要有耐受性等。强、韧、轻、环境的耐受性等属性（目标），是一个材料里所包含的密不可分的指标，没有办法让其中的任何一个分离出去而单独存在。比如，希望一个材料强度高，但是一般来说质量轻（密度小）与强度高又是互相抵触的指标，它们同时存在于这个材料之中，是不可分离的。

所要解决的优化问题，就是这些属性必须“同时优化”才能使得体系（系统）发挥其应有的功能。各个属性之间也是相互关联和约束的，无法只调整其中一个，而不影响其他。体系（系统）的环境适应性也是决定其可靠性和成败的重要性能指标。

因此，多目标优化问题，就是在系统论观点下的整体优化问题。每一个目标，就是体系（系统）中的一个有机构成部分。

处理这种“同时优化”的多目标优化的问题，就是对问题进行整体优化，即让体系在整体上处于最佳状态，而其中的各个部分则在“整体最优”的旗帜下，协同一致地“工作着”和“团结着”。只有使系统内各个部分（目标）之间、局部与整体之间相互协调着，才能实现系统总体意义下的综合优化，即系统整体的功能的最优化。因此，系统论的优化原则就包括：①整体最优；②各个阶段的分级优化；③兼顾各方[10]。

依照系统论的观点，对于系统的整体功能，“系统整体不等于其组成部分的简单加和”，而是“整体大于部分之和”。所以，在多目标优化中采取将各个目标进行“线性加权”法和“ε-约束”解法，其中采取的“权重加和”或者“从 k 个目标中选择出一个作为优化的目标，剩余的（k−1）个目标则转化为约束条件”的做法，就有悖于“多个目标同时优化”的内涵，即“系统的整体优化”的精神，而帕累托解法仅只能给出一个解的集合，而真正的最优解仍然是待定的。此外，“线性加权”法中权重因子和归一化因子的选择也是困惑的问题。

由于“多目标优化”的本征内涵具有“多个目标同时优化”的意旨，以系统论的观点，就是“系统的整体优化”，因此，必须在各个目标之间寻找“交集”使之互相“协调”，从而实现系统整体功能的最优。

“交集”的概念源于“集合论”，指两个集合 A 和 B，由所有既属于集合 A 又属于集合 B 的元素组成的集合，就称作集合 A 与集合 B 的交集（Intersection），记作 $A \cap B$。在“概率论”中，两个独立事件“同时出现”的概率 $P(A \cap B)$就等于 $P(A) \cdot P(B)$，即：$P(A \cap B) = P(A) \cdot P(B)$，它被称为两个独立事件 A 和 B 的联合概率（joint probability）[11]，$P(A)$和 $P(B)$为两个独立事件 A 和 B 的概率。

进一步讲，按照系统论的观点，系统可以具有各种形态，系统内的各个构成部分也可以具有各种形态。多目标选材中的材料具有实体系统形态，而材料的杨氏模量、拉伸强度、延伸率等更类似于概念系统的形态。

当我们把多目标优化中的每个目标（属性）视为一个事件时，“多个目标的同时优化”问题就转化成为“多个事件同时出现”的概率问题。

更进一步，如果事件是独立的，则“多个事件同时出现”的这一“系统的整体优化”问题的联合概率就等于

$$P_{\mathrm{t}} = P_1 P_2 \cdots P_i \cdots = \prod_{i=1}^{n} P_i \quad (3.1)$$

在式（3.1）中，P_i 代表某一目标的概率；n 为目标总数。

如此，我们就把一个多目标优化问题转化为一个等价的概率问题了。

对于多个目标的同时优化问题，Derringer 等人和 Jorge 等人曾经提出了满意度函数（Desirability function）的概念[12,13]，将每个目标的响应值转换成一个满意度值，然后使用几何平均法将所有的满意度集合起来，得到一个总的满意度值来表征组合响应的总体评价。但是从概率论的角度来看，这种方法从根本上讲不符合多目标同时优化的本征内涵。

3.4 概率论角度下的定量评价

（1）青睐概率的概念

以材料选择为例。一般而言，每种材料在不同方面表现出不同的特征和特性；从某种意义上讲，材料的每一种属性及其数值就代表了材料在这一个方面的特性。有些材料的属性指标数值大对于材料的选择是有利的，而有些属性指标数值大对于材料的选择是不利的。实际上，就材料的选择和使用而言，任何一个材料都是由有利的和不利的属性构成的整体。因此，必须从客观的角度对选材问题进行全面考虑和分析，这就使选材成为一项综合性的系统性工作。因此，必须对有利指标和不利指标进行恰当的定量评价。

对于零件的加工，选择合适的切削速度和进给量作为输入变量，才能使刀具的加工效率和使用寿命达到优化。而刀具的加工效率和使用寿命在加工过程中都具有越高（大）越好的特性，因此刀具的加工效率和使用寿命就是刀具加工选材的有利（效益型）指标；但加工的成本却具有越小越好的特性，它就是刀具选材的不利性（成本型）指标。因此，在这个材料选择过程中，效益型和成本型的指标都存在于其中，密不可分，而且需要被“同时优化”。

一般来说，对于多目标优化问题，效益型指标具有越高越好的性质，成本型指标具有越小越好的性质。通常情况下，无论是效益型指标还是成本型指标，都可以用一定的数值来表征。如材料密度、加工效率、使用寿命和成本等都可以用数值来表征。

因此，作为对材料属性指标“越高越好”和“越低越好”的定量评价，可以引入函数，这就是我们拟引入的“青睐概率”指标，即每个材料属性指标的偏青睐程度应该与其在材料选择过程中的指标数值直接相关，相应地，候选材料的偏青睐概率就可以定量化地表征该材料在选择过程中被青睐的程度。

（2）青睐概率的定量评估

某种意义上讲，由于物质属性指标的实际值就是其属性特性的量化数据，因此，从简单性原则出发，可以进行如下假设：对于具有“越高越好”特征的物质属性指标（即效益型指标），其偏青睐概率与其属性指标效用值的具体数值呈正线性相关，即，

$$P_{ij} \propto U_{ij} \tag{3.2}$$

进一步，可以将式（3.2）改写成一个等式，

$$P_{ij} = \alpha_j U_{ij}\ (i = 1,2,\cdots,n, j = 1,2,\cdots,m) \tag{3.3}$$

在式（3.3）中，U_{ij} 表示第 i 个候选对象的第 j 个属性（目标）指标效用值的数值；P_{ij} 代表该效益型属性指标 U_{ij} 的偏青睐概率；n 是相关候选对象体系中候选对象的总数；m 代表每种候选对象的属性（目标）指标的总数；α_j 表示第 j 个属性（目标）指标的归一化因子。

此外，根据概率论的一般原理[11]，对于第 j 个物质属性（目标）指标，可以通过对指标 i 的偏青睐概率 P_{ij} 进行求和而归一化，即：

$$\sum_{i=1}^{n} P_{ij} = \sum_{i=1}^{n} \alpha_j U_{ij} = 1 \tag{3.4}$$

从方程（3.4）可以得到以下结果，

$$\alpha_j = 1/(n\bar{U}_j) \tag{3.5}$$

在方程（3.5）中，$\overline{U_j}$ 表示所涉及的物料组中第 j 个属性指标的平均值。

等效地，对于候选对象为成本型属性指标效用值 U_{ij}，其偏青睐概率与其属性指标效用值呈负线性相关，即，

$$P_{ij} \propto (U_{j\max} + U_{j\min} - U_{ij}),\quad P_{ij} = \beta_j(U_{j\max} + U_{j\min} - U_{ij})$$
$$(i = 1,2,\cdots,n; j = 1,2,\cdots,m) \tag{3.6}$$

在式（3.6）中，$U_{j\max}$ 和 $U_{j\min}$ 分别表示第 j 个属性（目标）组中，其属性指标效用值的最大值和最小值；β_j 是第 j 个属性（目标）指标的归一化因子。相应地，通过使用概率论的一般原理[11]，可以得到，

$$\beta_j = 1/[n(U_{j\max} + U_{j\min}) - n\bar{U}_j] \tag{3.7}$$

此外，根据基本概率理论[11]，可以通过使用式（3.1）得到“多目标问题的同时优化”时每一个候选对象的总青睐概率。

显然，在这种评价中，候选对象的总青睐概率是该选择过程中唯一的和决定性的指标。此外，通过使用上述步骤，以及式（3.1）至式（3.7），就从

概率论的角度把多目标优化问题转变成为了以总青睐概率表达的单目标优化问题。

对应于总青睐概率最大的那一个候选对象就是本次整体优化的优选结果。

3.5 应用举例

（1）人才选拔

某单位需要从 5 个人中挑选出一人担任领导工作。用 6 个属性来衡量，包括：健康状况、业务状况、写作水平、口才、政策水平和工作作风，分别用 O_1、O_2、O_3、O_4、O_5和 O_6来表示。这 5 个人的属性指标效用值如表 3.1 所示，各个属性指标效用值的数值越高越受欢迎。

表 3.1　五个干部的基本情况

人选	健康 O_1	业务 O_2	写作 O_3	口才 O_4	政策 O_5	作风 O_6
甲	1	1	1	1	1	1
乙	4	4	1/3	3	1	1/7
丙	2	5	5	1/5	1/7	1/9
丁	2	4	1/3	3	1	1
戊	4	3	1/3	1/5	3	1/9

由于所有属性指标都具有越大越好的特征，此题的各种属性的偏青睐概率的评价均按照效益型属性进行，所得评价结果如表 3.2 所示。

表 3.2　选干的评估结果

人选	P_1	P_2	P_3	P_4	P_5	P_6	$P_t \times 10^4$	排序
甲	0.0769	0.0588	0.0750	0.1351	0.1628	0.4228	0.0316	4
乙	0.3077	0.2353	0.0250	0.4054	0.1628	0.0604	0.0722	3
丙	0.1538	0.2941	0.3750	0.0270	0.0233	0.0470	0.0050	5
丁	0.1538	0.2353	0.3000	0.4054	0.1628	0.4228	3.0303	1
戊	0.3077	0.1765	0.2250	0.0270	0.4884	0.0470	0.0758	2

根据评估表 3.2 的结果，候选人丁获得最大的总青睐概率。因而，可挑选出丁为最佳人选。

（2）一根圆木截取出矩形截面梁（古典问题）

从一根圆木截取出一个矩形截面梁，见图 3.1。怎样截取截面的高宽比才能合理地兼顾梁的强度和刚度呢？

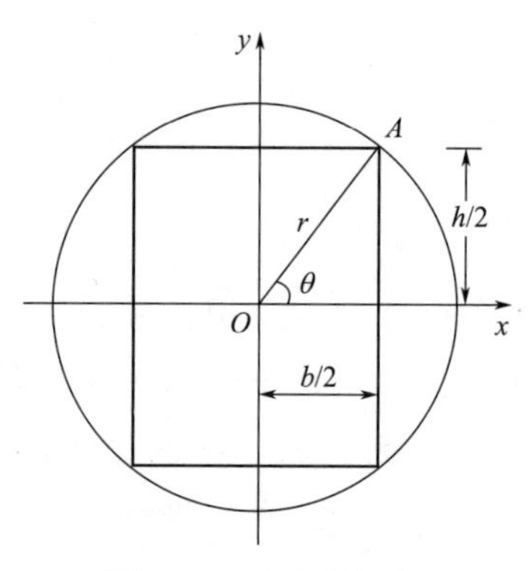

图 3.1 圆木截矩梁

设圆木的半径为 r，圆心 O 至内接矩形角点 A 连线的夹角为θ，则矩形截面的宽度 b 和高度 h 可表示为：$b = 2r\cos\theta$，$h = 2r\sin\theta$。

根据梁的强度条件，在相同的横截面积下，梁的抗弯截面系数 W_z 越大越好，且 $W_z = bh^2/6 = 4r^3\cos\theta\cdot\sin^2\theta/3$；又根据梁的刚度条件，当截面积相同时，梁的截面惯性矩 J_z 也是越大越好，这里 $J_z = bh^3/12 = 4r^4\cos\theta\cdot\sin^3\theta/3$。

强度和刚度两个属性都属于效益型的，因此应该按照效益型属性分别计算其偏青睐概率，

即 $P_{Wz} = W_z / \int_{\theta=0}^{\pi/2} W_z \cdot \mathrm{d}\theta = (4r^3\cos\theta\cdot\sin^2\theta/3) / \int_{\theta=0}^{\pi/2}(4r^3\cos\theta\cdot\sin^2\theta/3)\cdot\mathrm{d}\theta$，

$P_{Jz} = J_z / \int_{\theta=0}^{\pi/2} J_z \cdot \mathrm{d}\theta = (4r^4\cos\theta\cdot\sin^3\theta/3) / \int_{\theta=0}^{\pi/2}(4r^4\cos\theta\cdot\sin^3\theta/3)\cdot\mathrm{d}\theta$。

然后，得到总青睐概率 $P_t = P_{Wz}\cdot P_{Jz}$。

最后通过对 P_t 求极值得到的结果为 $h/b = 2.5^{0.5} = 1.581$。

根据老亮编写的《中国古代材料力学史》介绍[4]，在 1103 年出版的李诫《营造法式·大木作制度》中规定，矩形木梁的高宽比应取为 3/2，“凡梁之大小，各随其广分为三，以二分为厚。”

可见，我国古代先贤们所设计的梁具有统筹优化的强度和刚度，智慧高超！

另外，通过对我国 8～12 世纪 34 座古代建筑梁式木构件的实测，高宽比在 1.300 与 1.732 之间的木梁占 60.7%[4]，见图 3.2。

如果这些梁式木构件都是由一棍圆木截取的，则大部分尺寸都是刚强兼顾的。

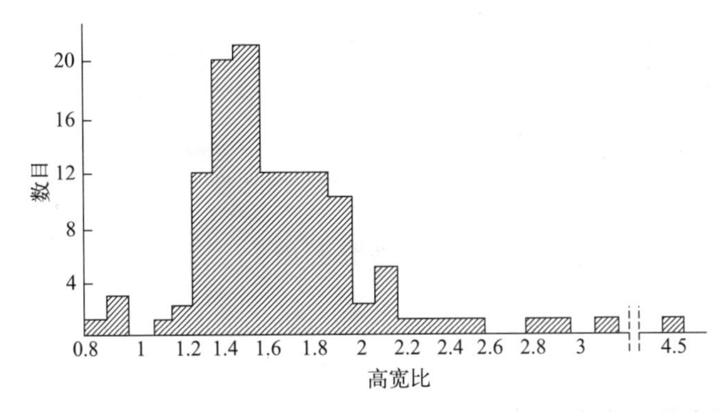

图 3.2　我国 8～12 世纪 34 座古代建筑梁式木构件高宽比的实测结果

（3）购买仪器的选择

某单位需要购买一台控制仪器，现有 5 种产品可供选择。每种产品的满意度可以用 4 个目标指标进行衡量，即：可靠度、成本、外观和重量。

每个目标指标对应的属性值都是可以量化的。每种产品就是一个备选方案，其对应的属性值用如表 3.3 所示。以 *A*、*B*、*C*、*D* 和 *E* 分别代表这 5 种产品。在这 4 个目标指标中，可靠度和外观的值具有越大越好的特性，而成本和重量值具有越小越好的特性。试确定 5 种仪器的排序。对可靠度和外观的值按照效益型指标进行评估，对成本和重量值按照成本型指标进行评估，表 3.4 为仪器的评估结果。

表 3.3　仪器的属性指标

方案	属性			
	可靠度 F_1	成本 F_2	外观 F_3	重量 F_4
A	7	8	9	6
B	6	7	8	3
C	5	6	7	5
D	4	10	6	7
E	8	7	5	5

表 3.4 仪器的评价结果

方案	P_1	P_2	P_3	P_4	$P_t\times10^3$	排序
A	0.2333	0.1905	0.2571	0.1667	1.9048	2
B	0.2000	0.2143	0.2286	0.2917	2.8571	1
C	0.1667	0.2381	0.2000	0.2083	1.6534	4
D	0.1333	0.1429	0.1714	0.1250	0.4082	5
E	0.2667	0.2143	0.1429	0.2083	1.7007	3

表 3.4 的结果表明，5 种产品的选择顺序为：$B>A>E>C>D$。

（4）工厂扩产

某工厂欲扩大其生产规模，有 10 个备选方案可供选择，见表 3.5。以投资回报率 f_1（越大越好）、销售增长率 f_2（越大越好）、借款额 f_3（越小越好）作为评估指标进行评估，试选出恰当的方案。回报率 f_1 和销售增长率 f_2 属于效益型指标，而借款额 f_3 属于成本型指标。表 3.6 为该问题的评估结果。表 3.6 的结果表明，在这 10 种备选方案中，第 2 个方案具有最大的总青睐概率，因而第 2 个方案获胜。

表 3.5 各扩产方案情况

方案	回收率（f_1）/%	销售增长率（f_2）/%	借款额（f_3）/百万元
1	11.5	2.0	5
2	11.0	3.0	2
3	12.0	2.0	3
4	10.0	2.5	2.5
5	13.0	1.0	8
6	12.5	0.5	9
7	10.0	4.0	4
8	9.0	2.2	4.6
9	9.0	2.0	1
10	10.5	2.5	3

表 3.6 扩产方案的决策结果

方案	P_1	P_2	P_3	$P_t \times 10^3$	排序
1	0.1060	0.0922	0.0864	0.8436	7
2	0.1014	0.1382	0.1382	1.9366	1
3	0.1106	0.0922	0.1209	1.2324	5
4	0.0922	0.1152	0.1295	1.3754	3
5	0.1198	0.0461	0.0345	0.1907	9
6	0.1152	0.0230	0.0173	0.0458	10
7	0.0922	0.1843	0.1036	1.7605	2
8	0.0829	0.1014	0.0933	0.7843	8
9	0.0829	0.0922	0.1554	1.1884	6
10	0.0967	0.1152	0.1209	1.3479	4

（5）选择材料

Sarfaraz Khabbaz 等人曾提出液氮储罐的选材问题[14]，该问题对选材的基本要求包括：良好的可焊性和加工性，较低的密度和比热容，较小的热胀系数和热导率，在操作温度下具有足够的韧性、强度和刚度。

表 3.7 列出了这种选择的候选材料的各种特性。其中韧性指数、拉伸强度和杨氏模量等材料属性指标具有越高越好的特点，因此这些属性是该选材的效益型指标；而密度、热胀系数、热导率和比热容具有越低越好的特点，是成本型属性指标。对于效益型和成本型属性指标的偏青睐概率的评估分别根据有关方程进行。

表 3.7 液氮储罐候选材料的特性

材料	韧性指数	拉伸强度/MPa	杨氏模量/GPa	密度/(g/cm^3)	热胀系数/$(10^{-6}/℃)$	热导率/[W/(m·K)]	比热容/[J/(g·℃)]
Al 2024-T6	75.5	420	74.2	2.80	21.4	0.370	0.16
Al 5052-O	95	91	70	2.68	22.1	0.330	0.16
SS 301-FH	770	1365	189	7.90	16.9	0.040	0.08
SS 310-3AH	187	1120	210	7.90	14.4	0.030	0.08
Ti-6Al-4V	179	875	112	4.43	9.4	0.016	0.09
Inconel718	239	1190	217	8.51	11.5	0.310	0.07
70Cu-30Zn	273	200	112	8.53	19.9	0.290	0.06

表 3.8 示出了对 7 种候选材料的每个材料属性指标的偏青睐概率 P_{ij} 和总青睐概率 P_t 的评估结果。

表 3.8 液氮储罐七种候选材料的偏青睐概率和总青睐概率

材料	青睐概率 P_{ij}							总评	
	韧性指数	拉伸强度	杨氏模量	密度	热胀系数	热导率	比热容	$P_t \times 10^5$	排序
Al 2024-T6	0.0415	0.0798	0.0754	0.2354	0.0963	0.0121	0.0718	0.0005	6
Al 5052-O	0.0522	0.0173	0.0711	0.2388	0.0896	0.0425	0.0718	0.0004	7
SS 301-FH	0.4234	0.2595	0.1920	0.0927	0.1392	0.2629	0.1667	1.1921	1
SS 310-3AH	0.1028	0.2129	0.2134	0.0927	0.1630	0.2706	0.1667	0.3182	3
Ti-6Al-4V	0.0984	0.1663	0.1138	0.1898	0.2107	0.2812	0.1552	0.3251	2
Inconel 718	0.1314	0.2262	0.2205	0.0756	0.1907	0.0577	0.1782	0.0972	4
70Cu-30Zn	0.1501	0.0380	0.1138	0.0750	0.1106	0.0730	0.1897	0.0075	5

从表 3.8 的数据可以看出，最后两列的对比结果清楚地表明，总青睐概率 P_t 值最大的是 SS 301-FH，因此液氮储罐的最优选择为 SS 301-FH，这与常识相一致[14]。

（6）飞轮的材料选择

Jee 等人和 Athawale 等人研究了飞轮的材料选择[15,16]。飞轮可用在城市地铁列车、汽车、公共交通汽车、风力发电机等中作为储存动能的装置。飞轮失效的危险会限制其实际应用。因此，飞轮设计中的主要要求是单位质量储存大量的动能，并能够抵抗其因疲劳或脆性断裂而引发的失效。用于评价的属性指标包括材料极限的比疲劳极限 σ_{limit}/ρ、比断裂韧性（K_{IC}/ρ）、单位质量价格和易碎性。σ_{limit} 是材料的疲劳极限，ρ 是材料密度；要求比疲劳极限 σ_{limit}/ρ 和比断裂韧性（K_{IC}/ρ）越大越好，同时飞轮材料的制造成本和易碎性越低越好。表 3.9 显示了飞轮候选材料基本属性的数据[15,16]。在表 3.9 中，比疲劳极限、比断裂韧性和抗破碎系数都是效益型的属性指标，而比价格指数是成本型属性指标。表 3.10 给出了对这 10 种候选材料的偏青睐概率 P_{ij} 和总青睐概率 P_t 的评估结果。

从表 3.10 中可以看出，最后一列的对比结果清楚地显示出 M9 具有最大值的总青睐概率 P_t，即 Kevlar 49-环氧树脂 FRP，因此飞轮的最佳选择是 Kevlar 49-环氧树脂 FRP，这也与常识相符[15,16]。

表 3.9 飞轮候选材料基本属性的数据

序号	材料	(σ_{limit}/ρ) /(MPa·m^3/t)	(K_{IC}/ρ) /(MPa·m$^{0.5}$·m^3/t)	比价格 /($/t)	抗破碎系数
M1	300 M	100	8.61	4200	3
M2	2024-T3	49.65	13.47	2100	3
M3	7050-T73651	78.01	12.55	2100	3
M4	Ti-6Al-4V	108.88	26	10500	3
M5	E glass-epoxy FRP	70	10	2735	9
M6	S glass-epoxy FRP	165	25	4095	9
M7	Carbon-epoxy FRP	440.25	22.01	35470	7
M8	Kevlar 29-epoxy FRP	242.86	28.57	11000	7
M9	Kevlar 49-epoxy FRP	616.44	34.25	25000	7
M10	Boron-epoxy FRP	500	23	315000	5

表 3.10 飞轮的 10 种候选材料的偏青睐概率 P_{ij} 和总青睐概率 P_t 的评估结果

序号	青睐概率				总评结果	
	σ_{limit}/ρ	K_{IC}/ρ	比价格	抗破碎系数	$P_t\times10^4$	排序
M1	0.0422	0.0423	0.1134	0.0536	0.1084	8
M2	0.0209	0.0662	0.1142	0.0536	0.0848	9
M3	0.0329	0.0617	0.1142	0.0536	0.1241	7
M4	0.0459	0.1278	0.1111	0.0536	0.3494	5
M5	0.0295	0.0492	0.1140	0.16070	0.2657	6
M6	0.0696	0.1229	0.1135	0.16070	1.5591	4
M7	0.1857	0.1082	0.1021	0.1250	2.5631	2
M8	0.1024	0.1404	0.1110	0.1250	1.9948	3
M9	0.2600	0.1683	0.1059	0.1250	5.7922	1
M10	0.2109	0.1130	0.0008	0.0893	0.0162	10

（7）齿轮的材料选择

Milani 等人从 9 种候选材料中为高速和高应力情况下的齿轮进行材料选择[17,18]，涉及铸铁、球墨铸铁、SG 铁、铸造合金钢、完全硬化合金钢、表面硬化合金钢、渗碳钢、氮化钢和完全硬化碳钢等。使用 5 个属性指标作为所有这些候选材料的综合性能评价指标，即芯部硬度（CH）、表面硬度（SH）、表面疲劳极限（*SFL*）、弯曲疲劳极限（*BFL*）和极限拉伸强度（*UTS*）。在这5个属性指标中，*SH*、*SFL*、*BFL* 和 *UTS* 是效益型指标，而 *CH* 是成本型属性指标。表 3.11 显示了齿轮候选材料的基本属性数据[17,18]。表 3.12 示出了对9个候选材料的每个材料属性指标评估的偏青睐概率 P_{ij} 和总青睐概率 P_t 的评估结果。

表 3.11　齿轮候选材料的基本属性数据

编号	候选材料	*CH*/Bhn	*SH*/Bhn	*SFL*/MPa	*BFL*/MPa	*UTS*/MPa
A1	铸铁	200	200	330	100	380
A2	球墨铸铁	220	220	460	360	880
A3	SG 铁	240	240	550	340	845
A4	铸造合金钢	270	270	630	435	590
A5	完全硬化合金钢	270	270	670	540	1190
A6	表面硬化合金钢	240	585	1160	680	1580
A7	渗碳钢	315	700	1500	920	2300
A8	氮化钢	315	750	1250	760	1250
A9	完全硬化碳钢	185	185	500	430	635

表 3.12　候选材料青睐概率的评估结果

编号	青睐概率 P_{ij}					总评结果	
	CH	*SH*	*SFL*	*BFL*	*UTS*	$P_t \times 10^5$	排序
A1	0.1336	0.0585	0.0468	0.0219	0.0394	0.0316	9
A2	0.1247	0.0643	0.0652	0.0789	0.0912	0.3765	7
A3	0.1158	0.0702	0.0780	0.0745	0.0876	0.4135	6
A4	0.1025	0.0789	0.0894	0.0953	0.0611	0.4211	5
A5	0.1025	0.0789	0.0950	0.1183	0.1233	1.1213	4
A6	0.1158	0.1711	0.1645	0.1490	0.1637	7.9498	2
A7	0.0824	0.2047	0.2128	0.2015	0.2383	17.2376	1
A8	0.0824	0.2193	0.1773	0.1665	0.1295	6.9098	3
A9	0.1403	0.0541	0.0709	0.0942	0.0658	0.3337	8

从表 3.12 中可以看出，最后两列的比较结果清楚地表明，总青睐概率 P_t 的最大值是 A7，即渗碳钢。因此，该齿轮材料的最佳选择是渗碳钢，这与

Babu 等人使用基于灰色的模糊逻辑方法的结果一致[18]，但与 Milani 等人采用 TOPSIS 方法的结果不同[17]，这种差异源自于 TOPSIS 的固有缺点。

3.6 小结

基于以上结果和讨论，以系统论的观点，从概率论和集合论的角度提出了概率基多目标优化方法，该方法综合考虑了候选对象的所有可能的属性指标的效用值。所有属性指标可初步分为效益型和成本型两种类型，这两种类型分别以正线性相关或负线性相关的方式贡献了它们对候选对象相应属性的偏青睐概率。候选对象的总青睐概率是每个候选对象属性指标的各偏青睐概率的乘积。

总青睐概率全面而明确地决定了候选对象在该次选择的最终结果，总青睐概率最大的那个候选对象就是该次选择的优选结果。

参考文献

[1] 邓正龙, 方律休. 我国古代运用系统工程思想的典范—都江堰水利工程. 系统工程理论与实践, 1987, 7(1): 57-61.

[2] 汪富泉, 李后强, 丁晶, 陈远信. 论都江堰水利工程的系统辩证原理. 系统辩证学学报, 1999, 7(1): 55-60.

[3] 陈刚. 20 世纪 70 年代以来都江堰工程研究综述. 广西民族大学学报(自然科学版), 2016, 22(2): 39-43.

[4] 老亮. 中国古代材料力学史. 长沙: 国防科技大学出版社, 1991: 110-119.

[5] 杨林泉. 系统工程方法与应用. 北京: 冶金工业出版社, 2018.

[6] 李惠彬, 张晨霞. 系统工程学及应用. 北京: 机械工业出版社, 2013.

[7] 伍进. 现代系统科学方法论及应用. 成都: 电子科技大学出版社, 2005.

[8] 许国志. 系统科学. 上海: 上海科技教育出版社, 2000.

[9] H. 哈肯(H. Haken). 协同学讲座. 宁存政, 李应刚整理翻译. 西安: 陕西科学技术出版社, 1987.

[10] 叶峻. 系统科学纵横. 成都: 四川社会科学院出版社, 1987.

[11] 王丹. 概率论与数理统计. 北京: 北京理工大学出版社, 2020.

[12] Derringer G, Suich R. Simultaneous optimization of several response variables. J. of Quality Technology, 1980, 12: 214-219.

[13] Jorge L. R., Yolanda B. L., Diego T., Mitzy P. L., Ivan R. B.. Optimization of multiple response variables using the desirability function and a Bayesian predictive distribution. Research in Computing Science, 2017, 13: 85-95.

[14] Sarfaraz K R, Dehghan M B, Abedian A., Mahmudi R.. A simplified fuzzy logic approach for materials selection in mechanical engineering design, Mater. Des., 2009, 30: 687-697.

[15] Jee D. H., Kang K. J.. A method for optimal material selection aided with decision making theory. Materials and Design, 2000, 21: 199-206.

[16] Athawale V. M., Kumar R., Chakraborty S.. Decision making for material selection using the UTA method. Int J. Adv. Manuf. Technol., 2011, 57: 11-22.

[17] Milani A. S., Shanian A., Madoliat R.. The effect of normalization norms in multiple attribute decision making models: a case study in gear material selection, J. A. Nemes, Struct. Multidisc. Optim., 2005, 29: 312-318.

[18] Babu J., James A., Philip J., Chakraborty S.. Application of the grey - based fuzzy logic approach for materials selection, Int. J. Mater. Res., 2017, 108(9): 702-709.

第 4 章
概率基多目标试验设计方法

摘要：本章论述了概率基多目标优化与实验设计方法结合得到的“概率基多目标实验设计方法”，包括多目标正交试验设计、多目标响应面设计和多目标均匀试验设计。候选方案的总青睐概率是方案选择或定量优化的唯一决定性指标。对于多目标正交试验设计，通过对总青睐概率进行极差分析，选出其优化组合；对于响应面设计和均匀试验设计，其多目标优化就是从整体上获得总青睐概率最大值的组态。最后给出了一些应用实例。

关键词：实验设计；多目标优化；结合；概率论；正交试验设计；响应面设计；均匀试验设计；总青睐概率最大化；极差分析。

4.1 引言

通常，在许多工业过程和实验中，产品的质量改进或优化是通过使用实验设计来进行的，如正交试验设计、响应面设计和均匀试验设计。

一般地，通过对单个目标的单独优化不可能给出多个目标同时优化的结果。多目标同时优化，也不等于单个目标单独优化的任何形式的“叠加”。

迄今为止，虽然人们已经提出了几种多目标优化方法[1-5]，但这些方法中所包含的数学处理是对归一化后指标的“加法”算法，有些方法甚至包括人为因素。

从概率论的角度来看，“加法”算法并不符合“多指标同时优化”的本意[6]。事实上，如果采用不同的归一化方法，所得到的结果之间的差异就会相当大[7]。因此，从某种意义上讲依赖于任何形式的“加法”运算的方法至多是半定量的方法。对于多目标正交试验设计，田口玄一（Taguchi Genichi）建立了他的分析方法，将“信噪比（SNR）分析”和“灰色关联分析（GRA）”相结合以期解决优化问题[8]。在标度因子、效益型和成本型指标评价时，他给出的信噪比对不同的目标类型是不对等的，并且其信噪比受到统计学家的诟病，其“加法”算法和灰色关联系数中的人为因素等，都是其方法的固有缺点[8-10]。此外，“综合平衡法”和“综合评分法”也常被用来进行多目标正交试验设计的优化评估[8-10]，这些方法是经验性的，而不是完全定量的。响应面方法是 Box 等建立的基于统计和数学技术的结合，是一种有用的优化方法。它广泛用于新产品的配方设计和旧产品的技术改进[11]。Pareto 算法也通常用于多目标优化问题的响应面设计，但其只给出解的集合或采用“加法”算法，具有其固有的缺点[11]。Derringer 等人和 Jorge 等人曾提出了满意度函数，将每个响应变量转化为一个满意度值[1,2]，但从概率论的角度来看，这种方法与多目标同时优化的初衷也完全不一致。均匀试验设计方法（UEDM）是我国数学家方开泰教授和王元院士提出的一种新的试验设计方法，以满足导弹设计等需要少量试验次数的重要试验[12]。它现在已被用于许多领域，产生了丰硕的成果和巨大的效益。但是，与正交试验设计的多目标优化的情况相类似，目前也使用一些“加法”算法或含人为因素的办法来处理其多目标优化问题[13]。

从概率论的角度，“多个目标同时优化”应该是对每个目标（独立事件）的偏青睐概率采用“相乘”的形式，来得到“总体（综合）事件”的联合概率[6]。因此，在多目标优化过程中，需要先获得每个目标作为独立事件的偏青睐概率，然后才能相应地进行概率方法的运算。

本章将概率基多目标优化（PMOO）与试验设计方法相结合，包括正交试验设计、响应面设计和均匀试验设计，建立概率基多目标试验设计方法。

4.2 概率基多目标优化与正交试验设计的结合

4.2.1 PMOO 与正交试验设计结合

（1）正交试验设计概述

由日本统计学家田口玄一提出的正交试验设计表[8]，是正交试验设计的工具和基础，具有“均匀分散，整齐可比”的特点。表 4.1 就是一个常用的正交试验设计表 $L_9(3^4)$。其普遍的表示形式为 $L_n(t^q)$，其中 L 是正交表的代号，n 为行数（试验次数），t 是表中因素水平的数，q 是正交表的列数。还有混合水平的正交试验表等。

表 4.1 正交试验设计表 $L_9(3^4)$

编号	A	B	C	D
1	1	1	1	1
2	1	2	2	2
3	1	3	3	3
4	2	1	2	3
5	2	2	3	1
6	2	3	1	2
7	3	1	3	2
8	3	2	1	3
9	3	3	2	1

使用正交试验表进行设计的基本步骤为：

① 确定试验输入变量及其水平，明确评价指标（目标）及其评价方式和方法；

② 选择适当的正交试验表，进行表头设计；

③ 按照拟定的试验方法进行试验，获得试验结果；

④ 对实验结果进行统计分析（包括极差分析、方差分析）。获得因素的主次信息和优化配置方案信息；

⑤ 试验验证和再分析。

（2）PMOO 与正交试验设计结合的具体操作

如第 3 章所述，多目标同时优化就是利用候选方案的总青睐概率将其转化为单目标问题，而总青睐概率是概率论意义上的多目标同时优化的正交试验设计唯一的和总体的决定性指标。因此，在单目标正交试验设计中所用到的对试验结果的极差分析方法可以直接用于总青睐概率，对其做极差分析，从而得到基于总青睐概率最大化的优化组合[13]。

4.2.2 多目标正交试验设计在储物盒注塑工艺参数优化中的应用

雷武等用 7 个输入变量对储物盒的注塑工艺进行了多目标优化[14]，即熔体温度、注射时间、保压时间、冷却时间、成型时间、注射压力和保压压力。采用 Moldflow 的正交试验设计[14]，将残余应力、体积收缩率和屈曲变形作为多目标评价指标。残余应力、体积收缩率和屈曲变形都是成本型的指标，应使用成本型指标的评估方法来完成其偏青睐概率的评估。表 4.2 给出了储物盒注塑工艺的正交试验设计及结果[14]。

表 4.2 储物盒注塑工艺正交试验设计及结果

试验编号	输入自变量							目标值		
	A/℃	*B*/s	*C*/s	*D*/s	*E*/s	*F*/MPa	*G*/MPa	残余应力/MPa	体积收缩率/%	屈曲变形/mm
1	220	1.0	5	10	3	100	50	54.24	13.85	1.460
2	220	1.3	10	15	4	110	55	53.97	11.48	1.378
3	220	1.6	15	20	5	120	60	53.71	9.968	1.322
4	230	1.0	5	15	4	120	60	54.02	14.36	1.353

续表

试验编号	输入自变量							目标值		
	A/℃	*B*/s	*C*/s	*D*/s	*E*/s	*F*/MPa	*G*/MPa	残余应力/MPa	体积收缩率/%	屈曲变形/mm
5	230	1.3	10	20	5	100	50	53.39	11.96	1.409
6	230	1.6	15	10	3	110	55	53.93	10.49	1.392
7	240	1.0	10	10	5	110	60	53.95	12.79	1.341
8	240	1.3	15	15	3	120	50	53.58	10.91	1.419
9	240	1.6	5	20	4	100	55	54.01	14.77	1.330
10	220	1.0	15	20	4	110	50	53.22	10.73	1.448
11	220	1.3	5	10	5	120	55	54.35	13.69	1.395
12	220	1.6	10	15	3	100	60	54.40	11.45	1.293
13	230	1.0	10	20	3	120	55	53.72	12.01	1.390
14	230	1.3	15	10	4	100	60	53.97	10.49	1.383
15	230	1.6	5	15	5	110	50	53.63	14.11	1.421
16	240	1.0	15	15	5	100	55	53.59	10.89	1.354
17	240	1.3	5	20	3	110	60	53.97	14.82	1.385
18	240	1.6	10	10	4	120	50	53.90	12.71	1.349

注：*A*—熔体温度；*B*—注射时间；*C*—保压时间；*D*—冷却时间；*E*—成型时间；*F*—注射压力；*G*—保压压力。

表 4.3 给出了储物盒注塑工艺的正交试验设计条件下，其残余应力、体积收缩率和屈曲变形的偏青睐概率和总青睐概率的评价结果。

表 4.3　残余应力、体积收缩率和屈曲变形的偏青睐概率和总青睐概率的评价结果

试验编号	偏青睐概率			总青睐概率 $P_t \times 10^4$	排序
	残余应力	体积收缩率	屈曲变形		
1	0.0552	0.0487	0.0523	1.4040	17
2	0.0554	0.0592	0.0556	1.8256	8
3	0.0557	0.0660	0.0579	2.1261	1
4	0.0554	0.0464	0.0566	1.4552	14
5	0.0560	0.0571	0.0544	1.7387	10
6	0.0555	0.0636	0.0550	1.9430	4
7	0.0555	0.0534	0.0571	1.6908	12

续表

试验编号	偏青睐概率			总青睐概率 $P_t \times 10^4$	排序
	残余应力	体积收缩率	屈曲变形		
8	0.0559	0.0618	0.0540	1.8605	6
9	0.0554	0.0446	0.0575	1.4212	16
10	0.0563	0.0626	0.0528	1.8559	7
11	0.0551	0.0494	0.0549	1.4930	13
12	0.0550	0.0594	0.0590	1.9273	5
13	0.0557	0.0569	0.0551	1.7457	9
14	0.0554	0.0636	0.0554	1.9543	2
15	0.0560	0.0475	0.0539	1.4280	15
16	0.0558	0.0619	0.0566	1.9536	3
17	0.0554	0.0444	0.0553	1.3605	18
18	0.0555	0.0538	0.0568	1.6940	11

在表 4.3 中，第 3 号试验显示了总青睐概率 P_t 的最大值，它可以直观地选定为此多目标正交试验设计的最优组合。

进一步，可以对总青睐概率做极差分析，进行深度优化。表 4.4 给出了储物盒注塑工艺正交试验设计总青睐概率极差分析的评价结果。

表 4.4　储物盒注塑工艺正交试验设计总青睐概率极差分析评价结果

水平	A	B	C	D	E	F	G
1	1.7720	1.6842	1.4270	1.6965	1.7068	1.7332	1.6635
2	1.7108	1.7054	1.7704	1.7420	1.7010	1.6840	1.7303
3	1.6634	1.7566	1.9489	1.7080	1.7384	1.7291	1.7524
极差	0.1085	0.0724	0.5219	0.0452	0.0373	0.0492	0.0889
因素主次排序	2	4	1	6	7	5	3

从表 4.4 的极差分析数据可以看出，输入变量影响的递减顺序为 C、A、G、B、F、D 到 E，其最优组合为 $C_3A_1G_3B_3F_1D_2E_3$，这个结果恰巧与多目标正交试验设计中的综合平衡法的结果一致[14]。

4.3 概率基多目标优化与响应面方法设计的结合

4.3.1 PMOO 与响应面方法结合

（1）响应面方法概述

由 Box 和 Wilson 建立的响应面方法是基于统计和数学技术的结合[11]。响应面方法通过拟合输入参量 $x_1,x_2,x_3,\cdots,x_m$ 与实验结果得到响应函数 $f(x_1,x_2,x_3,\cdots,x_m)$，再求出响应函数的极值点，就得到了问题的最优解。即先拟合出 $y=f(x_1,x_2,x_3,\cdots,x_m)+\varepsilon$，其中$\varepsilon$为随机误差，假定在不同试验中$\varepsilon$相互独立且均值为零，方差为$\sigma^2$。

采用响应面方法进行设计时，首先需要做编码化处理，对第 i 个输入变量（参量）的变化范围$[z_{1i},z_{2i}]$进行变换，$i=1,2,3,\cdots,m$，变量（参量）变化范围的中心点为 $z_{0i}=(z_{1i}+z_{2i})/2$，区间长度的一半为$\Delta_i=(z_{2i}-z_{1i})/2$，则可以进行如下线性变换，$x_i=(z_i-z_{0i})/\Delta_i$，就将变量 z_i 的范围转换到新的变量 x_i 的区间了$[-1,1]$。

在识别出重要影响因素（一般就是少数几个）以后，就可以进行两个阶段的设计和试验了。第一个阶段设计的主要任务是判断试验条件或者变量的水平是否接近最优值的位置，且常采用一阶模型进行逼近。当试验区域位于或者接近最优区域时，就可以进行第二阶段的设计，其目的是通过精确逼近获得最优的试验工艺条件（参数），这时采用二阶模型来逼近。

对于一阶试验设计，采用形如表 4.5（改造过的正交试验表）的表格对输入变量进行排布，进而对实验结果进行回归处理及分析。

表 4.5 响应面设计用表之一（改造过的正交试验表）

编号	A	B	C
1	1	1	1
2	1	1	−1
3	1	−1	1
4	1	−1	−1

续表

编号	A	B	C
5	−1	1	1
6	−1	1	−1
7	−1	−1	1
8	−1	−1	−1

通常的做法如下：

① 先用包含中心点的 2 水平因子试验数据拟合一个线性回归方程，且可以包含交叉乘积项。

② 如果发现有弯曲趋势，则需要拟合一个含有二次项的回归方程。如果没有发现弯曲，而且 y 没有达到目标，则需要用最速上升法（或最速下降法）搜索最优区域，直到达成目标或发现弯曲再拟合含有二次项的回归方程。

当试验区域接近最优区域或位于最优区域中时，可进入第二阶段设计。这一阶段设计的主要目的是获得对响应面在最优值附近某个小范围内的一个精确逼近并求出最优过程条件。在响应面的最优点附近，曲度效应是主导项，用二阶模型来逼近响应面。二阶设计有很多种，主要有中心复合设计（CCD）和 Box-Behnken 设计（BBD）的经典二阶设计。

CCD 具有一些特性：①选择恰当的 CCD 轴点坐标，可以使 CCD 成为可旋转设计，在各个方向获得等精确度的估计；②选择恰当 CCD 中心点的试验次数，可使 CCD 是正交的。CCD 设计的试验点数如表 4.6 所示。

表 4.6　中心复合设计（CCD）的试验点数

变量数	立方体	点星号点	中心点	合计
2	4	4	5	13
3	8	6	6	20
4	16	8	6	30
5	32	10	10	52
5	16	10	7	33

BBD 将试验点安排在立方体棱的中点上。所需点数比 CCD 要少，试验区域是球形的，具有近似旋转性，但无有序性；3 个因子需要 12+3 次试验，4 个因子需要 24+3 次试验。试验完成后，就需要对试验结果进行回归处理及分析。

（2）PMOO 与响应面方法结合的具体程序

在多个响应同时优化时，涉及几个响应[15]。我们把备选方案的每个响应作为 PMOO 的一个目标，那么，一些响应的效用可能属于效益型，而另一些响应的效用可能属于成本型。因此，每个响应的效用根据其实际类型分别以线性方式贡献出一个偏青睐概率。此外，每个具体方案是由效益型的和成本型的效用指标构成的有机整体，从概率论的角度来看，其方案的总体/总青睐概率可以通过多个响应同时优化中所有偏青睐概率的乘积来获得。通过这一过程，使用总体/总青睐概率，就将多响应优化问题转化为“单一响应优化”问题，而且总青睐概率是优化过程中备选方案的唯一的决定性指标。此外，对设计实验的所有备选方案的总青睐概率进行回归分析，就可获得总青睐概率的回归函数。然后，使用通常的数学算法获得总青睐概率的最大值，及其相应的独立输入变量的特定值，就得到整体的优化点。接下来的步骤就是再对每个响应进行回归，以获得其回归函数，然后将相应的独立输入变量的特定值代入各个响应的回归函数，以获得其整体优化的结果。

4.3.2 概率基多目标响应面设计的应用

（1）应用多目标响应面设计确定柴胡多糖超声提取的最佳条件

陈雁雁等采用 Box-Behnken 响应面法研究了柴胡多糖的超声提取工艺，以期确定柴胡多糖超声提取的最佳条件[16]。现在，我们使用概率基多目标响应面设计法对其进行再分析。在他们的试验中，采用超声时间（A）、料液比（B）、超声次数（C）为输入变量，而且以多糖得率 f_1 和多糖含量 f_2 作为目标进行优化。多糖得率 f_1 和多糖含量 f_2 均具有效益型目标属性。表 4.7 引述了有关实验设计和实验结果[16]。表 4.8 给出了有关评价结果。

表 4.7 Box-Behnken 响应面法研究柴胡多糖的实验设计和结果

编号	因素			结果	
	A 超声时间/min	B 料液比/(g/mL)	C 超声次数/次	得率 f_1/%	含量 f_2/%
1	25	0.05	2	11.37	66.94
2	20	0.05	1	6.65	46.77
3	20	0.05	3	11.31	56.98

续表

编号	因素			结果	
	A 超声时间/min	*B* 料液比/(g/mL)	*C* 超声次数/次	得率 f_1/%	含量 f_2/%
4	25	0.0667	3	9.39	60.00
5	25	0.04	1	6.62	55.13
6	25	0.04	3	11.29	66.30
7	25	0.05	2	10.72	66.09
8	25	0.05	2	11.19	68.58
9	25	0.0667	1	6.94	49.79
10	30	0.05	1	6.05	51.59
11	25	0.05	2	10.23	65.25
12	30	0.0667	2	8.71	56.78
13	30	0.04	2	10.60	62.12
14	30	0.05	3	10.70	62.76
15	20	0.04	2	11.40	57.94
16	20	0.0667	2	9.31	51.96
17	25	0.05	2	9.78	63.88

表 4.8　柴胡多糖超声提取实验的评价结果

编号	青睐概率		
	P_{f1}	P_{f2}	$P_t×10^3$
1	0.0701	0.0664	4.6495
2	0.0410	0.0464	1.9000
3	0.0697	0.0565	3.9368
4	0.0579	0.0595	3.4417
5	0.0408	0.0546	2.2295
6	0.0696	0.0657	4.5726
7	0.0661	0.0655	4.3280
8	**0.0690**	**0.0680**	**4.6880**
9	0.0428	0.0494	2.1109
10	0.0373	0.0511	1.9067
11	0.0630	0.0647	4.0777
12	0.0537	0.0563	3.0211

续表

编号	青眯概率		
	P_{f1}	P_{f2}	$P_t\times10^3$
13	0.0653	0.0616	4.0225
14	0.0659	0.0622	4.1023
15	0.0703	0.0574	4.0350
16	0.0574	0.0515	2.9551
17	0.0603	0.0633	3.8165

表 4.8 中的数据表明，第 8 号试验具有最大的总青睐概率，其次是 1 号和 6 号试验。

进一步，通过对总青睐概率进行回归，可以获得更精确的优化。总青睐概率的回归结果为

$$P_t\times10^3=-16.723+0.908557A+151.6232B+5.345782C-0.01861A^2-1399.1B^2$$
$$-0.88513C^2+0.230972AB-19.6501BC+0.007938AC$$

$$R^2=0.9571 \qquad (4.1)$$

总青睐概率 P_t 在 $A^*=25.2514\text{min}$，$B^*=0.035919\text{g/mL}$ 和 $C^*=2.897997$ 次处，获得其最大值 $P_{tmax}\times10^3=4.7974$。

对输入变量“取整”，即 $A^*=25.25\text{min}$，$B^*=0.0359\text{g/mL}=(1:27.84)\text{g/mL}$ 和 $C^*=3$ 次时,得到 $P^*_{tmax}\times10^3=4.7586$，也优于表 4.8 中的数据。

多糖得率 f_1 和多糖含量 f_2 的拟合结果分别为

$$f_1=-10.219+0.4382A+157.2506B+11.2578C-0.0107A^2-1262.57B^2$$
$$-1.7128C^2+0.6396AB-45.2926BC-0.0005AC$$

$$R^2=0.9507 \qquad (4.2)$$

在 $A^*=25.25\text{min}$，$B^*=(1:27.84)\text{g/mL}$ 和 $C^*=3$ 次时，得到 f_1 的优化值为 $f^*_{1opt}=12.06\%$。

$$f_2=-154.154+12.5396A+1130.565B+27.0816C-0.2446A^2-12657.6B^2$$
$$-5.509C^2+1.5949AB-17.4288BC-0.048AC$$

$$R^2=0.9918 \qquad (4.3)$$

在 $A^*=25.25\text{min}$，$B^*=1:27.84\text{g/mL}$ 和 $C^*=3$ 次时，得到 f_2 的优化值为 $f^*_{2opt}=65.69\%$。

（2）应用多目标响应面设计实现期望黏度值下产量最大化和分子量最小化

Myers 等人曾经研究过在期望黏度值下产量最大化和分子量最小化的优化问题，该问题涉及两个输入变量，即反应时间 x_1 和温度 x_2[11]。有三个响应目标，即产物的产率 y_1（%）、黏度 y_2（cSt）和分子量 y_3。相关数据见表 4.9。

表 4.9　期望黏度值、最大化产率和最小化分子量的设计和实验结果

编号	输入变量		响应目标			
	反应时间 x_1/min	温度 x_2/℃	产率 y_1/%	黏度 y_2/cSt	$U_{i2}=\lvert y_{i2}-65\rvert$	分子量 y_3
1	80	76.67	76.5	62	3	2940
2	80	82.22	77	60	5	3470
3	90	76.67	78	66	1	3680
4	90	82.22	79.5	59	6	3890
5	85	79.44	79.9	72	7	3480
6	85	79.44	80.3	69	4	3200
7	85	79.44	80	68	3	3410
8	85	79.44	79.7	70	5	3290
9	85	79.44	79.8	71	6	3500
10	92.07	79.44	78.4	68	3	3360
11	77.93	79.44	75.6	71	6	3020
12	85	83.37	78.5	58	7	3630
13	85	75.52	77	57	8	3150

而且预设的黏度 y_2（cSt）的期望值为 65cSt[11]，因此实际试验结果的响应 y_{i2} 的效用值 U_{i2} 可以通过其与期望值 $y_{2d}=65$cSt 之间的偏离来表示，即，

$$U_{i2}=\lvert y_{i2}-y_{2d}\rvert=\lvert y_{i2}-65\rvert \tag{4.4}$$

在式（4.4）中，i 表示试验或候选对象的序号。

在有期望值的情况下，其实测结果响应 y_{i2} 的效用值 $U_{i2}=\lvert y_{i2}-y_{2d}\rvert$ 就具有“越低越好”的特性，属于成本型的性能指标。可见，通过式（4.4）的方式，我们就把含有“期望值”的问题转化成为“准成本型”属性的问题了。

此外，在文献[17]中，还介绍了期望值处于一个范围内的情形。对于这种情形，如果期望函数值 y_{ij} 处于$[\alpha,\beta]$，则其效用值 U_{ij} 可以写成如下形式：

$$U_{ij}=\begin{cases}1, y_{ij}\in[\alpha,\beta]\\0, y_{ij}\notin[\alpha,\beta]\end{cases}\quad (i=1,2,\cdots,n;j=1,2,\cdots,m) \tag{4.5}$$

此时，效用值 U_{ij} 的偏青睐概率为：

$$P_{ij}=\begin{cases}1/\lambda, y_{ij}\in[\alpha,\beta]\\0, y_{ij}\notin[\alpha,\beta]\end{cases}\quad (i=1,2,\cdots,n;j=1,2,\cdots,m) \tag{4.6}$$

式（4.6）中的λ是处于区间$[\alpha,\beta]$内函数值 y_{ij} 的个数，即 $y_{ij}\in[\alpha,\beta]$的个数。

现在，再回到所讨论的问题，此题中黏度 y_{i2} 的偏青睐概率的评估可通过使用其效用值 U_{i2} 作为第 3 章中所述的成本型指标进行处理。

以题意，最大化产率 y_1 的偏青睐概率的评估根据 PMOO 作为效益型指标，最小化分子量 y_3 作为成本型指标的程序进行。对该产品实验的偏青睐概率 P_{y1}、P_{y2} 和 P_{y3} 和总青睐概率 P_t 的评估显示在表 4.10 中。

表 4.10　期望黏度值、最大化产率和最小化分子量设计实验的青睐概率评估结果

编号	响应目标			青睐概率				排序
	y_1/%	y_2/cSt	y_3	P_{y1}	P_{y2}	P_{y3}	$P_t\times10^3$	
1	76.5	62	2940	0.0750	0.1132	0.0869	0.7376	2
2	77	60	3470	0.0755	0.0755	0.0751	0.4275	7
3	78	66	3680	0.0765	0.1509	0.0704	0.8120	1
4	79.5	59	3890	0.0779	0.0566	0.0657	0.2897	10
5	79.9	72	3480	0.0783	0.0377	0.0748	0.2211	11
6	80.3	69	3200	0.0787	0.0943	0.0811	0.6021	5
7	80	68	3410	0.0784	0.1132	0.0764	0.6781	3
8	79.7	70	3290	0.0781	0.0755	0.0791	0.4662	6
9	79.8	71	3500	0.0782	0.0566	0.0744	0.3293	9
10	78.4	68	3360	0.0768	0.1132	0.0775	0.6743	4
11	75.6	71	3020	0.0741	0.0566	0.0851	0.3570	8
12	78.5	58	3630	0.0769	0.0377	0.0715	0.2075	12
13	77	57	3150	0.0755	0.0189	0.0822	0.1171	13

表 4.10 中的数据表明，第 3 号试验点具有最大的总青睐概率，其次是 1 号、7 号和 10 号试验。第 3 号试验点可以直观地直接选为优化结果。

进一步，可以对总青睐概率进行回归，以获得更精确的优化。总青睐概率的回归结果为，

$$P_t\times10^3 = -203375.1310-2654.9450x_1+215.4526x_2+15.5210x_1^2-2.6907x_2^2 -0.0038x_1x_2+75610.0916\ln x_1-0.0403x_1^3+0.0112x_2^3$$

$$R^2 = 0.7675 \tag{4.7}$$

在 $x_1 = 91.0622\text{min}$ 和 $x_2 = 77.6053℃$处，P_t 获得其最大值 $P_{tmax}\times10^3 = 0.9334$。

同时，产量 y_1 的回归结果为，

$$y_1 = -326843.3710-4410.0970x_1+48.0746x_2+0.0180x_1x_2+25.9987x_1^2 -0.4803x_2^2+124747.8522\ln x_1+0.0682x_1^3+0.0014x_2^3$$

$$R^2 = 0.9926 \tag{4.8}$$

在 $x_1 = 91.0622\text{min}$ 和 $x_2 = 77.6053℃$处，产量 y_1 获得其优化的值 $y_{1opt} = 78.2722\%$。

同样地，黏度 y_2 的回归结果为，

$$y_2 = 1454310.2050+20242.9592x_1+2436.0490x_2-0.0900x_1x_2+117.4347x_1^2 -29.7790x_2^2-580304\ln x_1+0.3025x_1^3+0.1215x_2^3$$

$$R^2 = 0.9723 \tag{4.9}$$

在 $x_1 = 91.0622\text{min}$ 和 $x_2 = 77.6053℃$处，黏度 y_2 获得其优化的值 $y_{2opt} = 68.8928\text{cSt}$。

还有，分子量 y_3 的回归结果为，

$$y_3 = -176217474.000-2438309.5500x_1-13078.9964x_2-5.7600x_1x_2 +14549.0282x_1^2+170.7936x_2^2+68063495.1500\ln x_1-8.5337x_1^3-0.7128x_2^3$$

$$R^2 = 0.9238 \tag{4.10}$$

在 $x_1 = 91.0622\text{min}$ 和 $x_2 = 77.6053℃$处，最佳分子量 y_3 有其优化的值 $y_{3opt} = 3590.0681$。

显然，这个问题的最佳状态与由表 4.9 直接给出的第 3 个试验点差不多。

4.4 概率基多目标优化与均匀试验设计方法的结合

4.4.1 PMOO与均匀试验设计方法结合

（1）均匀试验设计方法概述

我国数学家方开泰教授和王元院士提出了均匀试验设计方法（UEDM），它是一种新的试验设计方法。当年，为了满足导弹设计等需要在少量试验次数的情况下得到有效的结果而建立的新方法[12,18]。前已叙及，正交试验设计法具有“均匀分散，整齐可比”的特点。为了达到具有“整齐可比”性，对其中任意两个因素必须进行全面试验，每个因素的水平有所重复，导致试验次数较多，而实际上在其试验范围内的试验点并不能够充分地“均匀分散”。对于均匀试验设计，每个因素的每个水平只出现一次，因而试验点在空间的散布更加均匀，但不再具有“整齐可比”性。

为了使用均匀试验设计法，通常可采用方开泰教授建立的均匀试验表进行设计[12,18]。均匀试验表的代号为$U_n(q^s)$和$U_n^*(q^s)$，“U”表示均匀设计，“n”表示需要做n次试验，“q”表示因素有q个水平，“s”表示该表的列数。通常带有“*”的表格其布点的均匀性更好[12,18]。每个均匀设计表都附有一个使用表，用于指示对于所研究问题涉及的自变量个数，以及从均匀设计表中选取适当列号的方法。并且，使用表的最后一列D还给出了刻画所选相应布点方式均匀度的偏差（discrepancy）。偏差越小，布点的均匀性就越高。表4.11和表4.12是均匀试验表及其使用表示例。采用均匀试验表进行设计和试验后，要对试验结果进行回归分析和处理，求出最优点。

表4.11　均匀试验表$U_6^*(6^4)$

编号	列			
	1	2	3	4
1	1	2	3	6
2	2	4	6	5
3	3	6	2	4

续表

编号	列			
	1	2	3	4
4	4	1	5	3
5	5	3	1	2
6	6	5	4	1

表 4.12　均匀试验表 $U_6^*(6^4)$的使用表

s	列号				D
2	1	3			0.1875
3	1	2	3		0.2656
4	1	2	3	4	0.2990

对于表 4.11 中第一列 x_{i1} 的位置布局，如果 x_{i1} 的范围为$[a,b]$，由于有 6 个自变量水平，则 $x_{i1}=a+(b-a)(2i-1)/(2\times6)=a+(b-a)(2i-1)/12, i=1,2,\cdots,6$。其他列可以以此类推。

（2）PMOO 与均匀试验设计方法结合的具体操作

多目标均匀试验设计也是对多个响应同时进行优化，从整体上获得最大的总青睐概率。类似于响应面的多目标优化，备选方案的每个响应都是 PMOO 的一个目标，每个响应的效用应根据其功能分为效益型和成本型两个种类。每个效用根据其实际类型分别以线性方式贡献出一个偏青睐概率。进一步讲，从概率论的角度来看，对于多个响应的同时优化，方案的总体/总青睐概率可以由所有偏青睐概率的乘积得到。此外，对设计试验的所有方案的总体/总青睐概率进行回归分析，以获得总体/总青睐概率的回归函数，并且总体/总青睐概率的最大值就对应于整体的最优状态。接下来的步骤，就是对每个响应进行回归，以获得其回归函数，然后将相应的独立输入变量的特定值代入每个响应的回归函数，以获得其整体优化结果。

4.4.2　概率基多目标均匀试验设计方法在五味子微萃取中的应用

吴小娟等曾基于均匀试验设计进行了五味子提取条件的多目标优化，利用 NSGA 得到 Pareto 非劣解[19]。本节拟采用概率基多目标均匀试验设计方法对其进行重新处理。

在吴小娟等的均匀试验设计中[19]，微波功率 x_1（W）、乙醇浓度 x_2（%）、提取时间 x_3（min）、乙醇用量 x_4（倍数）和粉碎度 x_5（目）等作为输入自变量。浸膏得率 Y_1（%）、五味子醇甲 Y_2（%）和总木脂素 Y_3（%）则作为评价指标（属性）[19]。表 4.13 列出了变量的水平。表 4.14 显示了他们采用均匀试验设计表 U_{10}（10^8）进行设计以及微波提取五味子的结果。浸膏得率 Y_1（%）、五味子醇甲 Y_2（%）和总木脂素 Y_3（%）均属于效益型指标。

表 4.13　五味子微萃取的多目标优化的变量水平

输入变量	水平编号				
	1	2	3	4	5
x_1/W	170	340	510	680	850
x_2/%	50	60	70	80	90
x_3/min	5	15	25	35	45
x_4/倍	1∶4	1∶6	1∶8	1∶10	1∶12
x_5/目	0	20	40	60	80

表 4.14　五味子微萃取的多目标优化设计及结果

编号	输入变量					目标指标		
	x_1/W	x_2/%	x_3/min	x_4/倍	x_5/目	Y_1/%	Y_2/%	Y_3/%
1	170	60	15	8	80	27.08	3.71	8.08
2	170	70	35	12	60	28.19	3.64	7.92
3	340	90	5	6	40	19.99	3.25	8.39
4	340	50	25	12	20	35.51	1.41	3.96
5	510	60	45	6	0	17.56	0.59	3.64
6	510	80	5	10	80	25.41	4.39	10.42
7	680	90	25	4	60	18.62	4.08	9.77
8	680	50	45	10	40	30.39	1.78	5.58
9	850	70	15	4	20	23.42	2.01	6.75
10	850	80	35	8	0	15.54	0.51	3.47

表4.15显示了通过使用概率基多属性优化方法对五味子的微波提取试验的评价结果。从表 4.15 可以看出，第 6 号测试点具有最高的总青睐概率值，因此第 6 号试验点可以直观地选为优化结果。

进一步，通过回归表 4.15 中的数据，可以进行深度优化。式（4.11）是总青睐概率 P_t 对输入变量 x_1、x_2、x_3、x_4 和 x_5 的回归结果[19]。

表 4.15　五味子微萃取试验青睐概率的评估结果

编号	Y_1 的 P_{ij}	Y_2 的 P_{ij}	Y_3 的 P_{ij}	$P_t\times10^3$	排序
1	0.1120	0.1462	0.1189	1.9473	3
2	0.1166	0.1435	0.1165	1.9495	2
3	0.0827	0.1281	0.1234	1.3076	5
4	0.1469	0.0556	0.0583	0.4756	8
5	0.0726	0.0233	0.0535	0.0905	9
6	0.1051	0.1730	0.1533	2.7883	1
7	0.0770	0.1608	0.1437	1.7805	4
8	0.1257	0.0702	0.0821	0.7241	7
9	0.0970	0.0792	0.0993	0.7622	6
10	0.0643	0.0201	0.0510	0.0660	10

总青睐概率 P_t 的回归结果为,

$$P_t\times10^3 = -6.00628+0.002925x_1+0.173025x_2-0.01324x_3-0.1994x_4 +0.025981x_5-2.8\times10^{-6}x_1^2-0.00114x_2^2+0.00016x_3^2+0.014699x_4^2$$

$$R^2 = 1 \tag{4.11}$$

在 $x_1^* = 526.79\text{W}$，$x_2^* = 75.89\%$，$x_3^* = 5\text{min}$，$x_4^* = 12$ 倍和 $x_5^* = 80$ 目处，总青睐概率 P_t 达到其最大值 $P_{tmax}\times10^3 = 3.8385$。

类似地，可以拟合浸膏得率 Y_1、五味子醇甲 Y_2 和总木脂素 Y_3 的表达式。

浸膏得率 Y_1 的拟合结果为,

$$Y_1(\%) = 112.0776-0.02312x_1-1.69617x_2-0.43664x_3-4.5526x_4+0.048868x_5 -2.49\times10^{-5}x_1^2+0.00995x_2^2+0.005606x_3^2+0.34128x_4^2$$

$$R^2 = 1 \tag{4.12}$$

在 $x_1^* = 526.79\text{W}$，$x_2^* =75.89\%$，$x_3^* = 5\text{min}$，$x_4^* = 12$ 倍和 $x_5^* = 80$ 目处，浸

膏得率得到其整体优化值 $Y_{1opt} = 31.77\%$。

五味子醇甲（%）Y_2 的回归结果为

$$Y_2(\%) = 3.005818-0.00081x_1+0.016649x_2-0.04361x_3-0.75138x_4$$
$$+0.040519x_5+2.85\times10^{-7}x_1^2+5.59\times10^{-5}x_2^2+0.000776x_3^2+0.045037x_4^2$$
$$R^2 = 1 \qquad (4.13)$$

在 $x_1^* = 526.79\text{W}$，$x_2^* =75.89\%$，$x_3^* = 5\text{min}$，$x_4^* = 12$ 倍和 $x_5^* = 80$ 目处，五味子醇甲获得其整体优化值 $Y_{2opt} = 5.04\%$。

总木脂素 Y_3 的回归结果为

$$Y_3(\%) = 7.54963-0.00016x_1+0.078129x_2-0.17583x_3-1.65144x_4+0.070285x_5$$
$$+7.32\times10^{-7}x_1^2-0.00022x_3^2+0.003184x_3^2+0.096122x_4^2$$
$$R^2 = 1 \qquad (4.14)$$

在 $x_1^* = 526.79\text{W}$，$x_2^* = 75.89\%$，$x_3^* = 5\text{min}$，$x_4^* = 12$ 倍和 $x_5^* = 80$ 目处，总木脂素获得其整体优化值 $Y_{3opt} = 11.18\%$。

综合来看，用回归方法得到的优化结果是合理的[17]。

4.5 小结

在上面的讨论中，将基于概率论的多目标优化与正交试验设计、响应面方法和均匀试验设计相结合，建立了相应的概率基多目标试验设计方法。该方法在多目标试验设计优化中的明显优点和物理本质清晰可见，为多目标试验设计提供了一种新颖而简便的方法。

参考文献

[1] Derringer G., Suich R.. Simultaneous optimization of several response variables, J. of Quality Technology, 1980, 12: 214-219.

[2] Jorge L. R., Yolanda B. L., Diego T., Mitzy P. L., Ivan R. B.. Optimization of multiple response variables using the desirability function and a Bayesian predictive distribution, Research in Computing Science, 2017, 13: 85-95.

[3] Opricovic S., Tzeng G. H.. Compromise solution by MCDM methods: A comparative analysis of VIKOR and TOPSIS, European Journal of Operational Research, 2004, 156: 445-455.

[4] Shanian A., Savadogo O.. TOPSIS multiple-criteria decision support analysis for material selection of metallic bipolar plates for polymer electrolyte fuel cell, Journal of Power Sources, 2006, 159: 1095-1104.

[5] Kumar R., Jagadish J., Ray A.. Selection of material for optimal design using multi-criteria deci- sion making, Procedia Materials Science, 2014, 6: 590-596.

[6] Brémaud P.. Probability Theory and Stochastic Processes, Universitext Series, Cham., Switzerland: Springer, 2020: 7-11.

[7] Yang W., Chon S., Choe C., Yang J.. Materials selection method using TOPSIS with some popular normalization methods, Eng. Res. Express, 2021, 3: 015020, https:// doi.org/ 10.1088/2631-8695/ abd5a7.

[8] Teruo M., Taguchi Methods, Benefits, Impacts, Mathematics, Statistics, and Applications. New York USA: ASME Press, 2011: 47-204.

[9] Obara C., Mwema F. M., Keraita J. N., et al, A multi-response optimization of the multi-directional forging process for aluminum 7075 alloy using grey-based Taguchi method. SN Applied Science, 2021, 3(596): 1-20. https://doi.org/ 10.1007/s42452-021-04527-2.

[10] Zhu J., Huang W., Zhang Q., et al., Multiobjective optimization of vehicle built-in storage box injection molding process parameters based on grey Taguchi method. Plastics Sci. & Tech., 2019, 47: 63-68. Doi: 005.3360(2019)04.0063-06.

[11] Myers R. H., Montgomery D. C.. Response Surface Methodology, Process and Product Opti- mization Using Designed Experiments, 4th edition, New Jersey, USA: John Wiley & Sons Inc., 2016.

[12] Fang K-T., Liu M-Q., Qin H., Zhou Y-D.. Theory and Application of Uniform Experimental Designs, 2018, Beijing: Science Press & Singapore: Springer Nature. Available at: https://doi.org/ 10.1007/978-981-13-2041-5.

[13] Zheng M., Wang Y., Teng H.. A novel method based on probability theory for simultaneous opti- mization of multi-object orthogonal test design in material engineering, Metallic Materials, 2022, 60(1): 45-53.

[14] 雷武, 余坤, 王科听, 陈财炜, 黄永斌, 林权. 收纳盒注塑成型工艺多目标优化. 山东化工, 2021, 50(6): 141-145.

[15] Zheng M., Wang Y., Teng H.. Hybrid of “Intersection” algorithm for multi-objective optimization with response surface methodology and its application. TEHNIČKI GLASNIK, 2022, 16(4): 454-457.

[16] 陈雁雁, 赵雅兰, 张淑香, 张洪财, 王文娴. Box-Behnken 响应面法优化柴胡多糖的超声提取工艺. 化学工程师, 2022, 35(2): 71-75, 81.
[17] Zheng M., Yu J., Teng H., Cui Y., Wang Y.. Probability-based Multi-objective Optimization for Material Selection. 2nd Ed. Singapre: Springer, 2023.
[18] 方开泰. 均匀设计与均匀设计表. 北京: 科学出版社, 1994.
[19] 吴小娟, 李飞莹, 刘春艳, 王晓美, 陈益, 仇丽霞. 基于非劣分类遗传算法的多目标药物提取条件优化分析应用. 中国卫生统计, 2013, 30(2): 177-181.

第5章

概率基多目标优化意义下的稳健设计

摘要：本章旨在基于概率基多目标优化方法给出一种新的稳健设计。本着概率基多目标优化的精神，将候选对象的某一性能指标的算术平均值及其标差作为它的两个独立响应实施稳健设计，并分别以其偏青睐概率的形式对该候选对象做出贡献；根据候选对象的性能指标的功能对其算术平均值的偏青睐概率进行评估，而对于标差则一般可按照越小越好的特性对其偏青睐概率进行评估。此外，依照概率论，偏青睐概率的乘积就等于每个候选对象的总青睐概率，从而体现出所属处理方法中对该性能指标的算术平均值和标差进行同时优化的精神。并且，总青睐概率是稳健设计优化中每个备选方案总体的和唯一的指标。最后，给出了两个稳健设计实例：①在恒定材料去除率为条件下 AISI 1018 钢的车削加工过程，使其能量消耗最小的最佳切削参数的稳健设计；②球墨铸铁活塞的加工工艺参数和公差分配的同时优化。

关键词：概率基方法；多目标优化；青睐概率；稳健设计；算术平均值；标差。

5.1 引言

早在20世纪50年代，田口玄一（Taguchi G.）就认识到稳健设计对于提高产品质量的重要性，并提出通过降低噪声的影响来进行优化的田口（Taguchi）方法[1,2]。还依此进行设计实验来研究可控和不可控因素对响应的影响。不可控因素也就是田口玄一所称的噪声因素[1,2]。稳健设计的思想是关于一组可控因素的设计，使产品质量对所谓的噪声因素具有不敏感性，或具有最小的噪声影响[1,2]。在田口玄一的方法中，还进一步假设可控因素包括那些实验者或生产者容易控制的因素，比如在注射成型过程中的材料选择、时间和模具温度等，而噪声因素是那些不容易或非常昂贵或不可能控制的因素[1,2]。因此，稳健设计只是寻求一套产品和工艺参数，使产品的最终质量响应指标对不可控因素的变化具有最小敏感性，而不是设法消除不可控因素。进一步来说，田口玄一引入了“信噪比（SNR）”一词来实施其稳健设计[1,2]，可控因素的最佳设定值就对应于“信噪比”最大值的状态。田口玄一提出了三种标准类型的信噪比。

① 目标值的期望值为优化点

$$SN_{\mathrm{T}} = 10\lg\left(\frac{\overline{y}^2}{s^2}\right) \tag{5.1}$$

② 目标值为越小越好

$$SN_{\mathrm{S}} = -10\lg\left(\frac{1}{m}\sum_{i=1}^{m} y_i^2\right) \tag{5.2}$$

③ 目标值为越大越好

$$SN_{\mathrm{L}} = -10\lg\left(\frac{1}{m}\sum_{i=1}^{m}\frac{1}{y_i^2}\right) \tag{5.3}$$

在式（5.1）～式（5.3）中，m 代表每个实验方案的试验测试次数；$\overline{y}$ 为这 m 个实验测试数据的算术平均值；s 代表标准偏差，又称标差。

然而，统计学家 Box、Welch、Nair 等的研究表明[3-7]，在实际实验或过程中，通常实验测试结果的平均值 $\overline{y}$ 和标准误差 s 是一组独立的响应。但是，式（5.1）中信噪比（SNR）的表达式将这两个响应 $\overline{y}$ 和 s 固化成为一个信噪比（SN_T）响应，这是不合理的。并且，SNR（SN_T）的最大值的优化不等价于同时优化 s 为最小值和 $\overline{y}$ 接近于其目标的优化。更为严重的事情是，对于“越小越好”和“越大越好”问题的表征，即在式（5.2）和式（5.3）中，甚至排除了标准差 s 的作用。这一点经常受到统计学家的批评[3-7]。

另外，统计学家们建议，可以通过使用两个单独的模型来考虑均值 $\overline{y}$ 和标差 s 的响应。因此，对于 s 的最小值和 $\overline{y}$ 接近于其目标的优化，应该同时采用单独的模型来处理，来达到合理的稳健优化的目的。

在第三章中，我们介绍了概率基多目标优化方法（PMOO），以此解决了已往的多目标优化中带有人为和主观因素的“加法”算法的固有问题[8-10]。其中引入了青睐概率和偏青睐概率的新概念，以刻画优化中候选对象的性能效用指标的青睐程度。在这种新方法中，所有候选对象（方案）的性能效用指标都可以根据其在优化中的作用或预先要求的偏好特性初步地分为两类，即效益型和成本型；候选对象（方案）的每个性能效用指标，均定量地贡献出其偏青睐概率。此外，根据概率论，所有偏青睐概率的乘积就等于候选对象（方案）的总青睐概率，该总青睐概率就是备选方案在此优化过程中的唯一决定性指标。如此这番，我们就将多目标优化问题转化为以总青睐概率为目标的单目标优化问题。

本章利用概率论的方法，以候选对象（方案）性能指标的算术平均值及其标差作为处理中的两个独立响应，实施稳健设计和产品工艺优化。此外，还通过两个实例展示了制造业中的稳健设计及其优化。

5.2 基于概率的多目标优化稳健设计

（1）基于概率的多目标优化的基本原理

在概率基多目标优化方法中[8-10]，引入了偏青睐概率的新概念来表示优化中属性效用指标的偏好程度，所有备选方案的属性效用指标可以根据其在优化中的作用或预先要求的偏好初步分为两类，即效益类和成本型；备选方案的每个属性效用指标都定量地贡献了偏青睐概率；此外，从概率论的观点来看，所有偏青睐概率的乘积就是该方案的总青睐概率，以此反映出它们同时优化的本质。而且，总青睐概率就是多目标优化过程中唯一的决定性指标，并从而将多目标优化问题转化为单目标优化问题[8-10]。同时，也解决了已往多目标优化中带有个人和主观因素的“加法算法”的固有问题。

（2）通过概率基多目标优化进行新的稳健设计的过程

根据统计学家的建议，需要使用两个单独的模型来同时考虑某一候选方案或测试到的属性效用的平均值和标差的响应[3-10]。于是，可以得到如下概率基多目标优化背景下的稳健设计过程。

① 将候选方案（对象）的属性指标的算术平均值及其标差视为候选方案的两个独立的响应指标进行评估，并分别对该候选方案贡献其偏青睐概率；

② 属性指标效用值的算术平均值是该属性指标的合理代表，可根据其在评估中的作用和预先要求的偏好，对其偏青睐概率进行评估。而属性指标效用值的标差，一般应以成本型指标的方式进行评估，获得其偏青睐概率；

③ 对于所有的方案，其总青睐概率是其所有偏青睐概率的乘积，它体现了通过概率论实施对每个属性效用指标进行同时优化的步骤；

④ 所有方案的总青睐概率是唯一的参评指标，并且是每个方案在稳健最优设计中的决定性指标。

5.3 应用

下面给出两个概率基多目标优化在产品稳健设计中的应用实例，以说明该方法具体实施的步骤。

5.3.1 优化 AISI 1018 钢的切削加工的工艺参数

Camposeco-Negrete 等人对 AISI 1018 钢的切削加工进行了研究，在恒定的材料去除速率条件下，使其能量消耗最小化为目标对切削参数进行优化[11]。在切削加工过程中，有三个控制因素，即切割速度（因素 A）、进给速度（因素 B）和切割深度（因素 C），每个因素有三个水平，如表 5.1 所示。

采用田口玄一的正交设计 $L_9(3^4)$进行，每个实验组有 4 个测试结果[11]。

实验设计的目的是寻求一种优化能耗的稳健设计，并以表 5.1 中所示的切削参数值，和 1333.33mm³/s 的恒定材料去除率为条件[11]，推算其他数据。

表 5.2 给出了该问题的青睐概率和排序的评估结果。用 μ 表示能耗的平均值，用 s 表示标差。根据稳健优化的要求，表 5.2 中的 μ 和 s 具有成本型指标的特征。在此情形，$s=\sigma\equiv\left[\left(\sum_{i=1}^{n}(y_i-\overline{y})^2\right)/n\right]^{0.5}$，$n$ 是数据个数。

表 5.1　在恒定材料去除率下 AISI 1018 钢的切削实验设计及结果 $L_9(3^4)$

试验编号	参数值			消耗的能量/kJ			
	A/(m/min)	B/(mm/r)	C/mm	1	2	3	4
1	350	0.10	2.29	71.47	74.2	121.04	133.14
2	350	0.15	1.52	51.64	54.28	88.85	97.22
3	350	0.20	1.14	42.93	43.63	73.07	80.75
4	375	0.10	2.13	68.97	71.10	123.99	135.69
5	375	0.15	1.42	51.67	52.49	91.19	100.17
6	375	0.20	1.07	42.00	43.04	76.29	82.66
7	400	0.10	2.00	67.94	69.47	130.63	141.77
8	400	0.15	1.33	50.41	52.17	97.35	105.91
9	400	0.20	1.00	41.08	42.05	81.44	86.75

表 5.2　在恒定材料去除率下 AISI 1018 钢试验的青睐概率和排序评估结果

试验编号	平均能耗（μ）/kJ	能耗的标差（s）/kJ	青睐概率			排序
			P_μ	P_s	$P_t\times10^2$	
1	99.9625	27.4797	0.0831	0.0946	0.7861	7
2	72.9975	20.2763	0.1189	0.1291	1.5349	3
3	**60.0950**	**17.0346**	**0.1360**	**0.1447**	**1.9673**	**1**
4	99.9375	30.1967	0.0831	0.0816	0.6782	8
5	73.8800	22.0319	0.1177	0.1207	1.4208	5
6	60.9975	18.6179	0.1348	0.1371	1.8477	2
7	102.4525	33.9809	0.0798	0.0635	0.5064	9
8	76.4600	25.3589	0.1143	0.1048	1.1974	6
9	62.8300	21.3505	0.1324	0.1240	1.6411	3

表 5.2 中的评估结果表明，第 3 号试验点具有最高的总青睐概率值 P_t，第 3 号试验点可以直观地直接选为优化结果。通常，稳健设计结果应在第 3 个

测试点附近。进一步对表 5.2 中所示的总青睐概率做极差分析，所得出的结果列于表 5.3 中。表 5.3 结果显示出最佳配置是 $A_1B_3C_1$，这正是第 3 号测试点。

表 5.3　采用 $L_9(3^4)$对 AISI 1018 钢在恒定材料去除率下总青睐概率的极差分析

水平	因素		
	A	B	C
1	1.4294	0.6569	1.8187
2	1.3156	1.3844	1.3844
3	1.1149	1.8187	0.6569
极差	0.3145	1.1618	1.1618
因素主次排序	3	1	2
优化配置	A_1	B_3	C_1

5.3.2　球墨铸铁活塞加工工艺参数和公差分配的同时优化

Janakiraman 等人对球墨铸铁活塞的加工工艺参数和公差分配进行了同时优化[12]，这里以其为例进行概率基多目标优化稳健设计的再分析。此问题是采用了响应面方法试验设计的，其中有 3 个控制因素，即切削速度（A）、进给速度（B）和切削深度（C），共有 5 个水平，试验结果如表 5.4 所示。而设定预定的活塞加工直径为目标指标。

表 5.4　响应面设计矩阵和试验结果

试验编号	切削速度 A/(m/min)	进给速度 B/(mm/r)	切削深度 C/mm	预定直径值（d）/mm	加工后直径的测试结果/mm				
					1	2	3	4	5
1	24.05	2.01	0.014	51.003	50.992	50.986	50.99	50.993	50.982
2	35.95	2.05	0.014	51.24	51.222	51.221	51.224	51.225	51.225
3	24.05	4.99	0.014	51.24	51.221	51.221	51.222	51.221	51.22
4	35.95	4.99	0.014	51.237	51.21	51.219	51.211	51.215	51.218
5	24.05	2.01	0.041	51.22	51.17	51.175	51.18	51.173	51.171
6	35.95	2.01	0.041	51.17	51.129	51.13	51.129	51.128	51.13
7	24.05	4.99	0.041	51.235	51.198	51.199	51.195	51.196	51.2
8	35.95	4.99	0.041	51.1	51.059	51.066	51.05	51.056	51.054

续表

试验编号	切削速度 A/(m/min)	进给速度 B/(mm/r)	切削深度 C/mm	预定直径值（d）/mm	加工后直径的测试结果/mm				
					1	2	3	4	5
9	20	3.5	0.028	51.23	51.205	51.2	51.205	51.203	51.202
10	40	3.5	0.028	51.2	51.176	51.172	51.174	51.171	51.172
11	30	1	0.028	51.245	51.205	51.21	51.208	51.205	51.203
12	30	6	0.028	51.215	51.181	51.188	51.186	51.187	51.179
13	**30**	**3.5**	**0.005**	**51.245**	**51.244**	**51.24**	**51.245**	**51.240**	**51.242**
14	30	3.5	0.05	51.22	51.18	51.185	51.178	51.18	51.18
15	30	3.5	0.028	51.235	51.21	51.215	51.21	51.212	51.218
16	30	3.5	0.028	51.24	51.212	51.22	51.219	51.218	51.215
17	30	3.5	0.028	51.21	51.17	51.168	51.165	51.164	51.162
18	30	3.5	0.028	51.23	51.19	51.195	51.185	51.188	51.19
19	30	3.5	0.028	51.17	51.135	51.141	51.141	51.142	51.136
20	30	3.5	0.028	51.21	51.185	51.18	51.18	51.182	51.173

直径的平均值用 μ 表示，标差用 s 表示，由于目标值是预定直径 d[12]，所以引入一个参量 ε 来表示平均值与预定直径目标值的偏离，即 $\varepsilon=|\mu-d|$。此外，根据稳健设计的要求，ε 和 s 的性能具有成本型指标的特点。表 5.5 显示了所有方案青睐概率和排序的评估结果。期望值为最优情形 $s=[\sigma^2+\varepsilon^2]^{0.5}$。

表 5.5 的评估结果表明，第 13 号测试点具有最高的总青睐概率值 P_t，然后是 1 号测试。一般，稳健配置应在第 13 号测试点附近，而且表 5.5 中的第 13 号测试点也清楚地显示出其同时具有较小的 ε 和 s 值的特征。

表 5.5 评估结果以及青睐概率和排序

试验编号	均值（μ）	偏离（ε）	标差（s）	青睐概率			排序
				P_ε	P_s	$P_t\times10^3$	
1	50.9886	0.0144	0.0150	0.0750	0.0740	5.5548	2
2	51.2234	0.0166	0.0167	0.0715	0.0713	5.0947	3
3	51.221	0.0190	0.0190	0.0676	0.0676	4.5652	4
4	51.2146	0.0224	0.0227	0.0621	0.0617	3.8275	6
5	51.1738	0.0462	0.0463	0.0234	0.0239	0.5593	20
6	51.1292	0.0408	0.0408	0.0322	0.0327	1.0530	17

续表

试验编号	均值（μ）	偏离（ε）	标差（s）	青睐概率			排序
				P_ε	P_s	$P_t \times 10^3$	
7	51.1976	0.0374	0.0374	0.0377	0.0381	1.4362	13
8	51.0570	0.0430	0.0433	0.0286	0.0287	0.8206	18
9	51.2030	0.0270	0.0271	0.0546	0.0547	2.9849	9
10	51.1730	0.0270	0.0271	0.0546	0.0547	2.9856	8
11	51.2062	0.0388	0.0389	0.0354	0.0358	1.2684	14
12	51.1842	0.0308	0.0310	0.0484	0.0484	2.3429	11
13	51.2422	0.0028	0.0035	0.0939	0.0924	8.6747	1
14	51.1806	0.0394	0.0395	0.0344	0.0349	1.2011	15
15	51.2130	0.0220	0.0222	0.0627	0.0624	3.9148	5
16	51.2168	0.0232	0.0234	0.0608	0.0606	3.6799	7
17	51.1658	0.0442	0.0443	0.0266	0.0272	0.7239	19
18	51.1896	0.0404	0.0405	0.0328	0.0332	1.0887	16
19	51.1390	0.0310	0.0311	0.0481	0.0482	2.3171	12
20	51.1800	0.0300	0.0303	0.0497	0.0496	2.4649	10

5.4 小结

上述讨论表明，本章已系统地建立了新的概率基多目标优化稳健设计；将候选对象（方案）属性指标的算术平均值及其标差作为两个独立响应进行处理，它们分别对方案贡献出其偏青睐概率；根据属性指标效用的功能对其算术平均值的偏青睐概率进行评估，而属性指标效用标差的评估应该按照越小越好形式进行评估；每个候选对象（方案）的总青睐概率是其在稳健优化设计中唯一的评价指标。对期望值为最优的情形，引入均值与期望值的偏离ε和标差 s（此时，$s=[\sigma^2+\varepsilon^2]^{0.5}$）进行评价，且二者均为成本型属性。

参考文献

[1] Roy R K. A Primer on the Taguchi Method. 2nd Ed.. Michigan, USA: Society of

Manufacturing Engineers, 2010.
[2] Mori T. Taguchi Methods: Benefits, Impacts, Mathematics, Statistics, and Applications. New York, USA: ASME Press, 2011.
[3] Box G.. Signal-to-noise ratios, performance criteria, and transformations, Technometrics, 1988, 30: 1-17. https://doi.org/10.2307/1270311.
[4] Box G. E. P., Meyer R. D.. Dispersion effects from fractional designs, Technometrics, 1986, 28: 19-27. https://doi.org/10.1080/00401706.1986.1048809 4.
[5] Welch W. J., Yu T-K., Kang S. M., Sacks J.. Computer experiments for quality control by parameter design. J. of Quality Technology, 1990, 22: 15-22. https://doi.org/10.1080/00224065. 1990.1197920.
[6] Welch W. J., Buck R. J., Sacks J., Wynn H. P., Mitchell T. J., Morris M. D.. Screening, predicting, and vomputer experiments, Technometrics, 1992, 34: 15-25. https://doi.org/10.2307/1269548.
[7] Nair V. N., Abraham B., MacKay J., et al. Taguchi's parameter design: A panel discussion, Technometrics, 1992, 34: 127-161. https://doi.org/10.2307/1269231.
[8] Zheng M., Wang Y., Teng H.. An novel method based on probability theory for simultaneous optimization of multi-object orthogonal test design in material engineering, Kovove Materialy, 2022, 60 (1): 45-53.
[9] Zheng M., Teng H., Wang Y., A novel approach based on probability theory for material selection, Materialwissenschaft und Werkstofftechnik, 2022, 53 (6): 666-674. https://doi.org/10.1002/mawe. 202100226.
[10] Zheng M., Yu J., Teng H., Cui Y., Wang Y.. Probability-based Multi-objective Optimization for Material Selection. 2nd Ed. Singapore: Springer, 2023. https://doi.org/10.1007/978-981-99-3939-8. com/book/ 9789811933509.
[11] Camposeco-Negrete C., Calderón Nájera J. de D., Miranda-Valenzuela J. C.. Optimization of cutting parameters to minimize energy consumption during turning of AISI 1018 steel at constant material removal rate using robust design, Int. J. Adv. Manuf. Technol., 2016, 83: 1341-1347.
[12] Janakiraman V., Saravanan R.. Concurrent optimization of machining process parameters and tolerance allocation. Int. J. Adv. Manuf. Technol., 2010, 51:357-369.

第 6 章
离散化处理、序贯优化以及误差分析

摘要：本章阐述在使用概率基多目标优化方法时，对于复杂问题采用“好格点（GLP）”法进行布点的离散化处理、序贯优化，以及误差分析的基本思路和步骤。

关键词：概率基多目标优化方法；复杂问题；好格点；离散化处理；序贯优化；误差分析。

6.1 引言

本章将按照离散化处理、序贯优化以及误差分析三个议题分为三个部分，分别进行叙述。三个部分互有联系，各有侧重。

6.2 离散化处理

6.2.1 引言

进入 17 世纪，许多科学问题促使了微积分的产生，同时微积分的诞生也解决了这些问题。当时研究运动的瞬时速度的议题就属于相关问题中的第一类问题；而求曲线切线的议题则称为第二类问题；求取函数的最大值和最小值被归为第三类问题；第四类问题包含有较多的议题，如求取曲线长、曲线围成的面积、曲面围成的体积、物体的重心、一个体积相当大的物体作用于另一物体上的引力等。研究者先从对运动（如航海、天文问题等）的研究中引出了函数的基本概念，也就是变量之间的关系研究。在此后的二百年里，这个概念在许多的工作中都已涉及。随着函数概念的产生，就诞生了微积分。它被看成是继欧氏几何学之后，整个数学领域的一个创举。围绕上述四个重要的科学问题，17 世纪的数十个数学家都探索过微积分问题。而今，普遍公认为牛顿和莱布尼茨是微积分的创立者[1]。其实，17 世纪许多著名的天文学家、物理学家、数学家都为创立微积分作了大量的努力，其中有英国的巴罗、瓦里士；法国的费马、笛卡尔、罗伯瓦、笛沙格；德国的开普勒；意大利的卡瓦列利等人。他们都提出了许多很有建树的理论，都为微积分的创立做出了贡献。17 世纪后半叶，英国科学家牛顿和德国数学家莱布尼茨在前人工作的基础上，分别独自完成了微积分的创立工作，其最大贡献就是把切线问题和求积问题联系在了一起，这是两个仿佛毫不相关的问题。前者是微分学的中心问题，后者则是积分学的中心问题。

在牛顿和莱布尼茨创立微积分时，其出发点是无穷小量。牛顿着重于从运动学的角度来研究微积分，而莱布尼茨则侧重于从几何学的角度来研究。

牛顿和莱布尼茨创立的微积分学，对数学的发展起到了极大的推动作用，运用微积分可以解决从前许多用初等数学无法解决的问题，初步显示了微积分学的巨大威力。

时至 19 世纪初，经过法国科学家柯西对微积分理论进行的细致研究，建立了极限理论。随后又经过德国数学家维尔斯特拉斯的进一步细化和规范化，就将极限理论打造成了微积分的牢固基础，使得微积分获得了进一步的发展[2]。

对于实用的科学与工程、理论分析和信息处理等问题来说，大多数实际工程问题的被积函数未必总能从数学的角度找到其原函数，因而对定积分进行近似估算就是一件非常有用的事情。自从定积分产生以来，积分的恰当逼近（近似）就一直受到人们的关注。因此，寻找定积分的恰当近似估算就是一件很有价值的事情。

对于一个自变量（一维，1D）的情况，已有许多经典的近似求积分的规则，例如梯形法（trapezoidal approximation）、中矩法（midpoint rule）、抛物线法（Simpson' s rule）等。函数 $y(x)$的积分可以近似为如下求和形式[3,4]，

$$\int_a^b f(x)\mathrm{d}x \approx T_n(y) = \sum_{i=0}^{n} q_i y(x_i) \tag{6.1}$$

式中，分割点 $x_0,x_1,x_2,\cdots,x_i,\cdots,x_n$ 在$[a,b]$的范围内；$q_0,q_1,q_2,\cdots,q_i,\cdots,q_n$ 为权重因子。

按照梯形法则，$q_0 = q_n = (b-a)/(2n)$，而其他权重因子 $q_i = (b-a)/n$，$i = 1,2,\cdots, n-1$。

如果 $f\in C^2([a;b])$，则其误差为$\dfrac{(b-a)^3}{12n^2}\times\dfrac{1}{n}\sum\limits_{i=1}^{n} f''(x_i) \approx \dfrac{(b-a)^2}{12n^2}[f'(b)-f'(a)]$。

而对于中矩法，其误差则为$\dfrac{(b-a)^3}{24n^2}\times\dfrac{1}{n}\sum\limits_{i=1}^{n} f''(x_i) \approx \dfrac{(b-a)^2}{24n^2}[f'(b)-f'(a)]$，此误差即为梯形法误差的一半[3,4]。

事实上在中矩法中，分割点的分布规则是与均匀试验法相同的[5,6]。

因此，在一维情况下采用均匀试验法进行积分值的近似估算时，其误差

也为$\frac{(b-a)^3}{24n^2}\times\frac{1}{n}\sum_{i=1}^{n}f''(x_i)\approx\frac{(b-a)^2}{24n^2}[f'(b)-f'(a)]$。

此外，在s个变量（s维）的情况下，会有以下表达式，

$$T_n(y)=\sum_{i=0}^{n}w_i y(x_i) \tag{6.2}$$

式中，x_i是s维空间$[0,1]^s$中的一个点。节点总数为$N=(n+1)^s$，它随着维数s快速增加。总节点数为$N=(n+1)^s$，误差近似为$O(N^{-2/s})$[3]。对于高维空间，会存在一些实际问题，如误差收敛性问题等。这种现象通常称为“维数灾难”[4]。

进入20世纪40年代中期，蒙特卡罗（Monte Carlo，MC）模拟作为一种随机抽样算法得到了发展。但是，它不仅需要大量的随机数（采样点）来进行模拟计算，而且收敛速度相当慢，这也是其固有的缺点[5,6]。

到了1959年，Korobov提出了均匀分布点集的概念，此后20世纪60年代华罗庚教授和王元教授发展了低偏差“好格点”（good lattice point，GLP）方法，用于进行数值积分的近似估算[7]。对于具有低偏差的GLP方法，其积分的收敛速度要比蒙特卡罗方法快得多。20世纪80年代，方开泰教授和王元教授在均匀抽样或“好格点”的基础上建立了均匀试验设计方法[5,6]。

在均匀试验设计中，其采样点在空间的分布具有很好的确定位置而且是均匀分布的，不具有随机性，这种算法称为“准蒙特卡罗方法”（QMC）[8-12]。然而，很多年来所谓的“维数灾难”问题一直困扰着QMC方法的应用。直到20世纪90年代[10-14]，情况才发生了戏剧性的变化。当时Paskov和Traub使用Halton序列和Sobol序列计算了超空间中高达360维的十档抵押贷款债券问题（CMO），他们发现QMC方法相比于MC方法表现出非常好的收敛性[8-12]。后来，通过采用不同类型的低偏差序列，在许多定价问题中进行试验，都出现了类似现象[11,14]。Papageorgiou等人还报道了在25维积分中采用不到500个点就能够获得10^{-2}阶的模拟精度[14]，并且在他们的试验中获得了接近n^{-1}的经验性收敛速度，这远优于Monte Carlo的$n^{-1/2}$。

上述结果乍看起来是反常的，人们很难理解具有低偏差序列的点集的收敛速度会优于随机点的收敛速度如此之多。Sloan和Wozniakowski提出了所谓“加权”差异的概念来解释这个难题[10]，而Caflisch等人提出了有效维度的概念来解释这个“反常现象”[13]。但是无论如何，这些结果已经表明了QMC方法的有效性，尽管其背后的原因尚不清楚。

事实上，在 20 世纪 80 年代，Ripley 曾经提到，在空间抽样问题中，样本的均方误差的期望值可以随着样本的空间相关性而降低[15]，并且 Dunn 和 Harrison 进一步将样本方差的期望值 $E(V_{\mathrm{ran}})$的表达式公式化为 $E(V_{\mathrm{ran}}) = \frac{1-f}{n}\frac{N}{N-1}[\sigma^2 - \overline{\mathrm{cov}(Z_i,Z_j)^{ij}}]$ [16]，其中 N 表示总体中的观察数量；n 是样本大小；f 表示有限（n/N）的总体校正；σ^2 表示总体方差，并且 $\overline{\mathrm{cov}(Z_i,Z_j)^{ij}}$ 表示总体中所有可能的采样点对之间的平均协方差。该表达式反映了所需的实际采样次数会随着样本的空间相关性而减少。这可能与上一段所提到的在高维空间中使用 QMC 的“反常现象”有关。

近年来，在空间统计学和地理学中频繁使用空间采样技术，并取得了成功[17]。实际上，定积分的被积函数一般都有确定的形式和明确的物理意义。因此，被积函数的值就按照一定的规则随着空间中的点从一个位置到下一个位置进行演化。因此，原则上按照在相关空间中具有一定规则和规则分布的有限个点的点集进行数值积分就是合适的。

6.2.2 离散化处理方法

（1）一维问题

对于一维的单峰问题，我们曾经建议，可以采用 11 个采样点进行离散化[18]，$x_i(i = 1,2,\cdots,11)$，并且按照“好格点”（GLP）和均匀试验法，将采样点均匀地分布在其自变量的区间$[a,b]$之内，其位置为，

$$x_i = a+(b-a)(2i-1)/22, \quad i = 1,2,\cdots,11 \tag{6.3}$$

下面以实例来说明其使用方法的详细情况。

［案例 1］以典型积分 $\int_0^1 \frac{\mathrm{d}x}{1+x^2} = \arctan x\big|_0^1 = \frac{\pi}{4}$ 估算π值为例[19]。

$$\int_0^1 \frac{\mathrm{d}x}{1+x^2} = \arctan x\big|_0^1 = \frac{\pi}{4} \tag{6.4}$$

亦即，

$$\pi = 4\int_0^1 \frac{\mathrm{d}x}{1+x^2} \equiv 4\int_0^1 f_1(x)\mathrm{d}x \tag{6.5}$$

在式（6.5）中，被积函数 $f_1(x) \equiv 1/(1+x^2)$。根据均匀试验设计方法[5,6]，用 11 个分割点将积分域[0,1]进行均匀划分，分割点的划分如表 6.1 所示。于是，积分方程（6.5）就被离散化为：

$$\pi = 4\int_0^1 f_1(x)\cdot \mathrm{d}x \approx \frac{4}{11}\sum_{i=1}^{11} f_1(x_i) \tag{6.6}$$

表 6.1　用 11 个分割点将积分域[0,1]进行均匀划分的结果

点编号	1	2	3	4	5	6	7	8	9	10	11
位置	0.045	0.136	0.227	0.318	0.409	0.5	0.591	0.682	0.773	0.864	0.955

等式（6.6）右边求和的估计结果为 3.142141，它与 π 的真实值 3.141593 的相对误差为 0.02%，这比梯形方法的结果要好得多[19]。

[案例 2] 以典型积分 $\int_1^3 \frac{\mathrm{d}x}{x} = \ln 3$ 估算 ln3 为例[19]。

亦即，

$$\ln 3 = \int_1^3 \frac{\mathrm{d}x}{x} \equiv \int_1^3 f_2(x)\mathrm{d}x \tag{6.7}$$

其中被积函数 $f_2(x) \equiv 1/x$。根据均匀试验设计方法[4,5]，用 11 个分割点将积分域[1,3]进行均匀划分，分割点的划分如表 6.2 所示。于是，积分式（6.7）被离散化为，

$$\ln 3 = \int_1^3 f_2(x)\cdot \mathrm{d}x \approx \frac{3-1}{11}\sum_{i=1}^{11} f_2(x_i) \tag{6.8}$$

表 6.2　用 11 个分割点将积分域[1,3]进行均匀划分的结果

点编号	1	2	3	4	5	6	7	8	9	10	11
位置	1.091	1.273	1.455	1.636	1.818	2.0	2.182	2.364	2.545	2.727	2.909

等式（6.8）右边求和的估计结果为 1.097396，它相对于 ln3 的真实值 1.098612 的相对误差为−0.11%，误差也很小。

[案例 3] 以典型积分 $\pi = 6\int_0^1 \frac{\mathrm{d}x}{\sqrt{4-x^2}}$ 估算π值为例[19]。

亦即，

$$\pi = 6\int_0^1 \frac{dx}{\sqrt{4-x^2}} \equiv 6\int_0^1 f_3(x)dx \quad (6.9)$$

在式（6.9）中，被积函数 $f_3(x) \equiv 1/(4-x^2)$。根据均匀试验设计方法[5,6]，用 11 个分割点将积分域[0,1]进行均匀划分，仍如表 6.1 所示。积分式（6.9）被离散化为，

$$\pi = 6\int_0^1 f_3(x)\cdot dx \approx \frac{6}{11}\sum_{i=1}^{11} f_3(x_i) \quad (6.10)$$

等式（6.10）右边求和的估计结果为 3.141195，它与 π 的真实值 3.141593 的相对误差为−0.013%，误差也很小。

（2）二维问题

对于二维的单峰问题，我们曾经建议，可以用 17 个采样点 x_{ij}($i = 1,2,\cdots,17$; $j = 1,2$）进行估算[18]。按照好格点（GLP）和均匀试验的方法均匀地分布在其自变量 x_{ij} 的区间$[a_j,b_j]$内，并且 x_{ij} 的位置为，

$$x_{ij} = a+(b-a)\cdot(2i-1)/34, \quad i = 1,2,\cdots,17; j = 1,2 \quad (6.11)$$

下面仍以实例来说明其使用方法的详细情况。

［案例 4］ 积分 $I_1 = \int_{x_1=-1}^{1} dx_1 \int_{x_2=-2}^{2} (x_1^2 + x_2^2 + 1)dx_2$ 的精确值是 64/3[20]，以 $I_1 = \int_{x_1=-1}^{1} dx_1 \int_{x_2=-2}^{2} (x_1^2 + x_2^2 + 1)dx_2 \equiv \int_{x_1=-1}^{1} dx_1 \int_{x_2=-2}^{2} I_1(x_1,x)dx_2$ 的估算为例。

表 6.3 给出了积分域[−1,1]×[−2,2]中好格点的分布，其中 x_{10} 和 x_{20} 表示表 $U_{17}^*(17^5)$在区域[1,17]×[1,17]内的原始位置[5,6]。

表 6.3　在积分域[−1,1]×[−2,2]中 17 个 GLP 点的分布情况

编号	x_{10}	x_{20}	x_1	x_2
1	1	7	−0.9412	−0.4706
2	2	14	−0.8235	1.1765
3	3	3	−0.7059	−1.4118
4	4	10	−0.5882	0.2353
5	5	17	−0.4706	1.8824
6	6	6	−0.3529	−0.7059
7	7	13	−0.2353	0.9412
8	8	2	−0.1177	−1.6471

续表

编号	x_{10}	x_{20}	x_1	x_2
9	9	9	0	0
10	10	16	0.11767	1.6471
11	11	5	0.2353	−0.9412
12	12	12	0.3529	0.7059
13	13	1	0.4706	−1.8824
14	14	8	0.5882	−0.2353
15	15	15	0.7059	1.4118
16	16	4	0.8235	−1.1765
17	17	11	0.9412	0.4706

进一步，根据均匀试验设计方法[5,6]，在区域[−1,1]×[−2,2]中该积分 I_1 离散化为：

$$I_1 \approx \frac{2\times 4}{17}\sum_{j=1}^{17} I_1(x_{1j}, x_{2j}) \tag{6.12}$$

等式（6.12）右边的求和结果为 21.287197，这与其精确值 64/3 相比，有 0.22%的相对误差。

［案例 5］积分 $I_2 = \int_{x_1=0}^{1} \mathrm{d}x_1 \int_{x_2=0}^{1} \ln(1+2x_1+2x_2)\mathrm{d}x_2$ 的精确值是 1.057616[21]，以 $I_2 = \int_{x_1=0}^{1} \mathrm{d}x_1 \int_{x_2=0}^{1} \ln(1+2x_1+2x_2)\mathrm{d}x_2 \equiv \int_{x_1=0}^{1} \mathrm{d}x_1 \int_{x_2=0}^{1} I_2(x_1,x_2)\mathrm{d}x_2$ 的估算为例。

表 6.4 给出了在其积分区域[0,1]×[0,1]内好格点的分布，其中 x_{10} 和 x_{20} 也表示表 $U_{17}^{*}(17^5)$对于[1,17]×[1,17]域的原始位置[5,6]。

表 6.4　在积分域[0,1]×[0,1]中 17 个 GLP 点的分布

编号	x_{10}	x_{20}	x_1	x_2
1	1	7	0.0294	0.3824
2	2	14	0.0882	0.7941
3	3	3	0.1471	0.1471
4	4	10	0.2059	0.5588
5	5	17	0.2647	0.9706
6	6	6	0.3235	0.3235
7	7	13	0.3824	0.7353

续表

编号	x_{10}	x_{20}	x_1	x_2
8	8	2	0.4412	0.0882
9	9	9	0.5	0.5
10	10	16	0.5588	0.9118
11	11	5	0.6176	0.2647
12	12	12	0.6765	0.6765
13	13	1	0.7353	0.0294
14	14	8	0.7941	0.4412
15	15	15	0.8529	0.8529
16	16	4	0.9118	0.2059
17	17	11	0.9706	0.6176

然后，根据均匀试验设计方法[5,6]，在区域[0,1]×[0,1]内的积分 I_2 被离散化为：

$$I_2 \approx \frac{1}{17}\sum_{j=1}^{17} I_2(x_{1j}, x_{2j}) \tag{6.13}$$

等式(6.13)右边求和的估算结果为1.060963，它相对于其精确值1.057616具有 0.32%的相对误差。而在何凤霞等的文章中，作者采用 100 个随机数进行了 10 次的蒙特卡罗模拟[21]，给出了 0.35%的相对误差[21]。

（3）三维问题

对于三维的单峰问题，我们曾经建议，可以用 19 个采样点 x_{ij}（$i = 1,2,\cdots,19$；$j = 1,2,3$）进行估算[18]。按照好格点（GLP）和均匀试验的方法均匀地分布在其自变量 x_{ij} 的区间$[a_j,b_j]$内，其位置仍按式（6.14）布局，

$$x_{ij} = a+(b-a)\cdot(2i-1)/38, \quad i = 1,2,\cdots,19;\ j = 1,2,3 \tag{6.14}$$

下面再以实例来说明其使用方法的详细情况。

［案例 6］积分 $I_3 = \int_{x_1=0}^{1} \mathrm{d}x_1 \int_{x_2=0}^{1} \mathrm{d}x_2 \int_{x_3=0}^{1} \ln(1+x_1+x_2+x_3)\mathrm{d}x_3$ 的精确值是 0.895129[22]，我们就以 $I_3 = \int_{x_1=0}^{1} \mathrm{d}x_1 \int_{x_2=0}^{1} \mathrm{d}x_2 \int_{x_3=0}^{1} \ln(1+x_1+x_2+x_3)\mathrm{d}x_3 \equiv \int_{x_1=0}^{1} \mathrm{d}x_1 \int_{x_2=0}^{1} \mathrm{d}x_2 \int_{x_3=0}^{1} I_3(x_1,x_2,x_3)\mathrm{d}x_3$ 的估算为例。

表 6.5 给出了在其积分区域[0,1]×[0,1]×[0,1]内的 19 个好格点的分布，其中 x_{10}、x_{20} 和 x_{30} 也表示表 $U_{19}^*(19^7)$对于[1,19]×[1,19]×[1,19]域的原始位置[5,6]。

表 6.5　在积分域[0,1]×[0,1]×[0,1]中 19 个点 GLP 的分布

编号	x_{10}	x_{20}	x_{30}	x_1	x_2	x_3
1	1	11	13	0.0263	0.5526	0.6579
2	2	2	6	0.0789	0.0789	0.2895
3	3	13	19	0.1316	0.6579	0.9737
4	4	4	12	0.1842	0.1842	0.6053
5	5	15	5	0.2368	0.7632	0.2368
6	6	6	18	0.2895	0.2895	0.9211
7	7	17	11	0.3421	0.8684	0.5526
8	8	8	4	0.3947	0.3947	0.1842
9	9	19	17	0.4474	0.9737	0.8684
10	10	10	10	0.5	0.5	0.5
11	11	1	3	0.5526	0.0263	0.1316
12	12	12	16	0.6053	0.6053	0.8158
13	13	3	9	0.6579	0.1316	0.4474
14	14	14	2	0.7105	0.7105	0.0789
15	15	5	15	0.7632	0.2368	0.7632
16	16	16	8	0.8158	0.8158	0.3947
17	17	7	1	0.8684	0.3421	0.0263
18	18	18	14	0.9211	0.9211	0.7105
19	19	9	7	0.9737	0.4474	0.3421

同样地，根据均匀设计方法[5,6]，积分区域[0,1]×[0,1]×[0,1]中的积分 I_3 被离散化为，

$$I_3 \approx \frac{1}{19}\sum_{j=1}^{19} I_3(x_{1j}, x_{2j}, x_{3j}) \tag{6.15}$$

式（6.15）右边的求和结果为 0.893373，相对于其精确值 0.895129，具有 0.20%的相对误差。而孙维君等人通过采用 1000 个随机数进行蒙特卡罗模拟给出了 0.56%的相对误差[22]。显然这里的计算量更小。

［案例 7］积分 $S=\left(\frac{1}{2\pi}\right)^{3/2}\cdot\int_{x_1=0}^{1}\mathrm{d}x_1\int_{x_2=0}^{1}\mathrm{d}x_2\int_{x_3=0}^{1}\exp\left[-\frac{1}{2}({x_1}^2+{x_2}^2+{x_3}^2)\right]\mathrm{d}x_3$ 的精确值是 0.039772[23]，现以 $S=\left(\frac{1}{2\pi}\right)^{3/2}\cdot\int_{x_1=0}^{1}\mathrm{d}x_1\int_{x_2=0}^{1}\mathrm{d}x_2\int_{x_3=0}^{1}\exp\left[-\frac{1}{2}({x_1}^2+{x_2}^2+{x_3}^2)\right]\mathrm{d}x_3\equiv$ $\int_{x_1=0}^{1}\mathrm{d}x_1\int_{x_2=0}^{1}\mathrm{d}x_2\int_{x_3=0}^{1}S(x_1,x_2,x_3)\mathrm{d}x_3$ 的估算为例。

表 6.5 给出了在其积分区域[0,1]×[0,1]×[0,1]中好格点的分布，其中 x_{10}、x_{20} 和 x_{30} 也表示表 $U_{19}^{*}(19^7)$对于[1,19]×[1,19]×[1,19]域的原始位置[5,6]。

同样地，根据均匀设计方法[5,6]，积分区域[0,1]×[0,1]×[0,1]中的积分 S 被离散化为：

$$S\approx\frac{1}{19}\sum_{j=1}^{19}S(x_{1j},x_{2j},x_{3j}) \tag{6.16}$$

式（6.16）右边的求和结果为 0.039852，相对于其精确值 0.039772，它具有 0.20%的相对误差。郑华盛等采用蒙特卡罗模拟，用了 250 个样本得到的结果为 0.039772[23]；韩俊林等采用蒙特卡罗模拟，用了 597 个样本计算得到的相对误差为 0.16%，而用具有采用点均匀分布特性的“拟蒙特卡罗模拟”101 次样本计算得到的相对误差为 0.14%[24]。显然，它们的模拟计算量都比本章的离散化方法庞大得多。

（4）应用于概率基多目标优化

对于多目标优化问题，可以通过离散化获得所讨论的问题在各个离散化点上的偏青睐概率和总青睐概率，进行评估。而且总青睐概率最大值对应的离散化点，应该与所寻找的优化点相差不远。

［案例 8］应用离散化方法进一步讨论“3.5 应用举例”中的“（2）一根圆木截取为矩形截面梁”的古典问题。

即，从一根圆木截取出一个矩形截面梁，见图 3.1。怎样截取截面其高宽比，才能合理地兼顾梁的强度和刚度？

采用 11 个分割点在$\theta\in[0,\pi/2]$范围内进行排布，其结果如表 6.6 所示。梁的抗弯截面系数 W_z 的青睐概率 $P_{Wz}=W_z/\int_{\theta=0}^{\pi/2}W_z\cdot\mathrm{d}\theta=(4r^3\cos\theta\cdot\sin^2\theta/3)/\int_{\theta=0}^{\pi/2}(4r^3\cos\theta\cdot\sin^2\theta/3)\cdot\mathrm{d}\theta$，梁的截面惯性矩 J_z 的青睐概率 $P_{Jz}=J_z/\int_{\theta=0}^{\pi/2}J_z\cdot\mathrm{d}\theta=(4r^4\cos\theta\cdot\sin^3\theta/3)/\int_{\theta=0}^{\pi/2}(4r^4\cos\theta\cdot\sin^3\theta/3)\cdot\mathrm{d}\theta$，以及总青睐概率 $P_{\mathrm{t}}=P_{Wz}P_{Jz}$ 的评价结果也列在表 6.6 中。

表 6.6 用 11 个分割点将积分域[0,π/2]均匀划分及梁的评价结果

点编号	点位置θ_i	离散化函数值		偏青睐概率		总青睐概率	排序
		Wz/r^3	Jz/r^4	P_{Wz}	P_{Jz}	$P_t \times 10^4$	
1	0.0714	0.0068	0.0005	0.0022	0.0002	0.0045	11
2	0.2142	0.0589	0.0125	0.0189	0.0053	1.0079	10
3	0.3570	0.1526	0.0533	0.0489	0.0228	11.1300	9
4	0.4998	0.2688	0.1288	0.0861	0.0550	47.3725	7
5	0.6426	0.3833	0.2297	0.1229	0.0981	120.4915	5
6	0.7854	0.4714	0.3333	0.1511	0.1423	215.0026	3
7	**0.9282**	**0.5121**	**0.4099**	**0.1641**	**0.1750**	**287.2257**	**2**
8	**1.0710**	**0.4922**	**0.4320**	**0.1578**	**0.1845**	**290.9708**	**1**
9	1.2138	0.4090	0.3833	0.1311	0.1636	214.5038	4
10	1.3566	0.2706	0.2644	0.0867	0.1129	97.9111	6
11	1.4994	0.0946	0.0944	0.0303	0.0403	12.2226	8

从表 6.6 的数据可以看出，总青睐概率 P_t 的极大值应处于第 7 个与第 8 个两个采样点之间，简单的选取这两个分割点位置的算术平均值，即 $\theta^* = (\theta_7 + \theta_8)/2 = 0.9996$，则可得到优化的$(h/b)^* = 1.556$，这与 3.5 节中给出的精确结果$(h/b)^* = 2.5^{0.5} = 1.581$ 也相差很小。

6.2.3 结论

从上述讨论可以看出，利用少量采样点简化定积分计算的有效方法对于复杂情况下概率基多目标优化非常有效。好格点和均匀试验设计方法是这种简化的基础，离散化采样点必须按照好格点规则和均匀设计方法进行空间分布。

6.3 序贯优化

6.3.1 引言

多目标优化在日常生活和实际生产以及规划中经常会遇到，它是一个永

恒的话题，几乎涉及所有领域[18,25,26]。我们提出的概率基多目标优化方法，通过引入青睐概率新概念以及相应评价方法，以期克服已往多目标优化方法的不足。青睐概率可作为反映候选对象在优化中受青睐的程度。根据候选对象的所有属性的效用指标在优选中的特征，初步将其分为效益型和成本型两类，候选对象的每个属性效用指标均贡献一个偏青睐概率；总青睐概率是所有偏青睐概率的乘积。从概率论和集合论的“交集”角度来看，这是对各种属性响应同时进行整体优化的总体考虑；总青睐概率是竞争性选择过程中唯一的决定性指标 [18]。

1978 年，方开泰和王元教授创建的均匀设计[5,6,27,28]，其采样点在试验域内均匀分布，具有充分的代表性，而且试验次数少，具有易于进行回归分析等显著特点，该方法已成功应用于中国导弹的设计，以及其他行业和领域，都取得了很大的成就。数论序贯优化（SNTO）作为一种新的全局优化方法被引入到均匀试验设计中[5,6]。该算法在变量空间中均匀分布的点之间寻找全局极值，再通过缩小搜索空间来加快收敛速度。在每次搜索中，只有函数值接近极值(最小值或最大值)的点被保留下来。为了获得全局最优解，就需要为第一次搜索预备足够数量的采样点[5,6]。

文献[5,6]指出，如果用 $l(D)$表示矩形域 D 的最大的边长，假设可以找到一个区域 D*使得 $x^* \in D^* \in D$ 和 $l(D^*) \ll l(D)$，则对于所有 $x \in D$ 区域中的优化问题 $M = \max f(x^*)$，就可以简化为区域 D^*中的优化问题。因此，相同大小的 NT-net 通常可以获得对 x^*来说更精确的近似。这一设想由 Niederreiter 和 Peart 于 1986 年以及方开泰和王元教授于 1990 年提出[5,6]。更准确地说就是，方开泰和王元建立了一个用 NT-net 进行优化的序贯优化算法（SNTO）[5,6]。并且，该方法在解决单目标优化问题中取得了成功[5,6,27-31]。

本节将概率基多目标优化方法与序贯均匀设计相结合，以期得到求解多目标优化问题的更精确的近似。

6.3.2 序贯优化与概率基多目标优化方法结合

（1）均匀试验设计与概率基多目标优化方法结合

均匀试验设计（UED）的显著特征是均匀分布的设计试验的“代表点”在变量域内具有确定的位置，少量的设计试验即可反映出变量域内响应的整体特征，以及每个采样点的充分代表性。因此，UED 方法与概率基多目标优化方法的结合，可以简化评估中的数据处理。此外，在概率基多目标优化方法中，由于总青睐概率是候选对象（方案）的唯一和决定性指标，因而评价的重点就放在这一指标上。

（2）概率基多目标优化方法与序贯均匀设计结合的实施步骤

参照方开泰教授和王元教授提出的序贯优化算法（SNTO）与 NT-nets 的步骤[5,6]，我们可以建立序贯均匀设计与概率基多目标优化方法相结合的操作过程。对于 D 的一个矩形区间$[a,b]$，实施 SNTO 过程。优化的每一步，就是获取点集中总青睐概率 P_t 具有最大值的信息。因此，序贯均匀设计与概率基多目标优化方法相结合的 SNTO 算法的操作步骤如下。

第 0 步：初始化。

在 $t=0$ 时刻，$D^{(0)}=D$，$a^{(0)}=a$ 且 $b^{(0)}=b$。

第 1 步：生成一个 NT-net。

用数论方法生成一个 n_t 个点的点集 $G^{(t)}$均匀散布于 $D(t)=[a^{(t)},b^{(t)}]$上。$P_t(x(t))$是点集中备选方案在时刻 t 的总青睐概率的最大值。

第 2 步：计算一个新的近似值。

假定 $x^{(t)}\in G^{(t)}\cup\{x^{(t-1)}\}$，并且对于 $n_{t-1}=n_t=\cdots$，有 $M^{(t)}=P_t(x^{(t)})\leqslant P_t(y)$，$\forall y\in G^{(t)}\cup\{x^{(t-1)}\}$，其中 $x^{(-1)}$是一个空集，$x^{(t)}$与 $M^{(t)}$是 x^*和 M 的瞬时最优近似。

第 3 步：终止准则。

令 $c^{(t)}=(P_t^{(t)}-P_t^{(t-1)})/P_t^{(t-1)}$。如果满足 $c^{(t)}<d$（d 是一个预设的小量），则 $x^{(t)}$和 $M^{(t)}$就为可接受优化结果，就可以终止序贯优化程序。否则，继续进行下一步。

第 4 步：区域收缩。

区域收缩的过程如下：$D^{(t+1)}=[a^{(t+1)},b^{(t+1)}]$，且 $a_i^{(t+1)}=\max(x_i^{(t)}-\beta c_i^{(t)},a_i)$和 $b_i^{(t+1)}=\min(x_i^{(t)}+\beta c_i^{(t)},b_i)$，其中$\beta$是预定的收缩比率。令 $t=t+1$，进入第一步。

根据方开泰和王元教授的经验，建议 $n_1>n_2=n_3=\cdots$进行处理。收缩比可以取 0.5。而 Niederreiter 和 Peart（1986）建议使用$\beta_i=\beta^i$作为第 i 步的收缩比，且$\beta>0$为常数。

备注：在我们的例子中，在第 i 步，一般来说，对于 $i>2$，仅当 $n_2=n_3=\cdots$，$P_t(x^{(i)})\leqslant P_t(x^{(i-1)})$，否则，检查区域收缩过程或停止区域收缩过程，并将 $P_t(x^{(i-1)})$和对应的 $x^{(i-1)}$作为最优结果。

6.3.3 应用

本节以实例对多目标线性规划问题进行离散化处理和序贯优化，说明其过程和细节。

（1）利用 UED 对线性规划问题进行概率基多目标优化的离散化处理

现以一个具有 3 个自变量的多目标优化线性规划问题为例。该问题写成如下形式，

$$\max f_1 = 9x_1+10x_2+14x_3$$
$$\min f_2 = 4x_1+5x_2+8x_3 \qquad (6.17)$$

其区域是[0,12]×[0,5]×[0,7]。

在这个问题中，函数 f_1 属于效益型属性，f_2 属于成本型属性。

采用均匀试验表 $U_{25}^*(25^{11})$对该问题进行离散化，其设计以及函数 f_1 和 f_2 在离散点的数值如表 6.7 所示。$U_{25}^*(25^{11})$表引自方开泰教授的书[32]。

函数 f_1 和 f_2 在每个离散点的偏青睐概率以及总青睐概率的评估结果在表 6.8 中给出。从表 6.8 的评估结果可见，最大总青睐概率出现在第 25 号点处，即 $x_1^* = 10.80$，$x_2^* = 4.10$，$x_3^* = 0.14$。

表 6.7 采用 $U_{25}^*(25^{11})$对多目标优化的线性规划问题离散化及其 f_1 和 f_2 值

编号	x_1	x_2	x_3	f_1	f_2
1	1.20	0.90	6.86	115.84	64.18
2	2.64	1.90	6.58	134.88	72.70
3	4.08	2.90	6.30	153.92	81.22
4	5.52	3.90	6.02	172.96	89.74
5	6.96	4.90	5.74	192.00	98.26
6	8.40	0.70	5.46	159.04	80.78
7	9.84	1.70	5.18	178.08	89.30
8	11.28	2.70	4.90	197.12	97.82
9	0.24	3.70	4.62	103.84	56.42
10	1.68	4.70	4.34	122.88	64.94
11	3.12	0.50	4.06	89.92	47.46
12	4.56	1.50	3.78	108.96	55.98

续表

编号	x_1	x_2	x_3	f_1	f_2
13	6.00	2.50	3.50	128.00	64.5
14	7.44	3.50	3.22	147.04	73.02
15	8.88	4.50	2.94	166.08	81.54
16	10.32	0.30	2.66	133.12	64.06
17	11.76	1.30	2.38	152.16	72.58
18	0.72	2.30	2.10	58.88	31.18
19	2.16	3.30	1.82	77.92	39.70
20	3.60	4.30	1.54	96.96	48.22
21	5.04	0.10	1.26	64.00	30.74
22	6.48	1.10	0.98	83.04	39.26
23	7.92	2.10	0.70	102.08	47.78
24	9.36	3.10	0.42	121.12	56.30
25	**10.80**	**4.10**	**0.14**	**140.16**	**64.82**

表 6.8 离散点上 f_1 和 f_2 偏青睐概率和总青睐概率的评估结果

编号	P_{f1}	P_{f2}	$P_t \times 10^3$
1	0.0362	0.0402	1.4543
2	0.0422	0.0355	1.4967
3	0.0481	0.0308	1.4834
4	0.0541	0.0262	1.4147
5	0.0600	0.0215	1.2904
6	0.0497	0.0311	1.5448
7	0.0557	0.0264	1.4700
8	0.0616	0.0217	1.3396
9	0.0325	0.0444	1.4416
10	0.0384	0.0398	1.5267
11	0.0281	0.0493	1.3863
12	0.0341	0.0447	1.5209
13	0.0400	0.0400	1.6000
14	0.0460	0.0353	1.6235
15	0.0519	0.0307	1.5915

续表

编号	P_{f1}	P_{f2}	$P_t\times10^3$
16	0.0416	0.0402	1.6740
17	0.0476	0.0356	1.6915
18	0.0184	0.0583	1.0718
19	0.0244	0.0536	1.3048
20	0.0303	0.0489	1.4822
21	0.0200	0.0585	1.1699
22	0.0260	0.0538	1.3968
23	0.0319	0.0492	1.5682
24	0.0379	0.0445	1.6840
25	**0.0438**	**0.0398**	**1.7443**

（2）概率基多目标优化与 SNTO 的结合，深度处理上述线性规划问题

根据上一节描述的过程，后续处理就是进行区域收缩并进行深度评估。继续对上一节所提出的线性规划问题进行处理，以期得到更为精确的评估结果。

采用方开泰教授书中的均匀设计表 $U_{19}^*(19^7)$进行后续评估[32]。表 6.9 给出了后续评估的结果。表 6.9 的结果显示，到了第 5 步，其 $c^{(t)}$值为 0.19%，如果我们设置 $d=0.2\%$作为工程应用的预设小量，那么这个多目标优化问题就可以在第 5 步终止，且最终最优结果为 $f_{1\text{opt}}=135.2026$ 和 $f_{2\text{opt}}=61.6421$，$x_1^*=11.9342$，$x_2^*=2.7684$，$x_3^*=0.0079$。

更为详细的讨论可参考文献[33]。

表 6.9　使用 $U_{19}^*(19^7)$进行后续评估的结果

步阶	区域	优化点位置			$f_{1\text{opt}}$	$f_{2\text{opt}}$	最大总青睐概率 $P_t\times10^3$	$c^{(t)}$
		x_1^*	x_2^*	x_3^*				
0	[0,12]×[0,5]×[0,7]	10.8000	4.1000	0.1400	140.1600	64.8200	1.7443	
1	[5,12]×[1.8,4.8]×[0,4]	11.0790	2.8263	0.1053	129.4474	59.2850	2.8906	
2	[8,12]×[2.5,4]×[0,2]	11.4737	3.0132	0.0526	134.1316	61.3816	2.8435	0.0163
3	[11,12]×[2.6,3.2]×[0,1.0]	11.8684	2.8053	0.0263	135.2368	11.8684	2.8016	0.0147
4	[11.5,12]×[2.7,3]×[0,0.5]	11.9342	2.8026	0.0132	135.6184	61.8553	2.7871	0.0052
5	[11.7,12]×[2.7,2.9]×[0,0.3]	11.9342	2.7684	0.0079	135.2026	61.6421	2.7817	0.0019

6.3.4 结论

通过以上讨论，得出以下结论：

① 提出了将均匀试验设计与概率基多目标优化法的结合方法，简化了复杂的数据处理过程。因此，复杂的数据处理被简化为在测试域内均匀分布的离散点的评估；

② 将概率基多目标优化法与序贯均匀设计相结合，给出了用序贯均匀设计算法搜索概率基多目标优化法最优解的详细过程，可用于获得求解多目标优化问题的更精确逼近；

③ 应用新方法处理了含 3 个变量线性规划多目标优化问题的实例，显示了该方法的有效性。

6.4 误差分析

6.4.1 引言

目前，均匀试验设计（UED）在世界范围内得到了广泛的应用，在中医、化学反应和导弹的设计中得到了推广，也被福特汽车有限公司作为设计的标准训练，为其预设计提供了支持[34]。我们也将其应用于概率基多目标优化和序贯优化，本节着重讨论有关近似方法的误差分析问题[18]。

（1）均匀试验设计的基本特征

均匀试验设计的本质特征如下[5,6,34]。

① 均匀性

样本点的分布在变量空间中是充分均匀分散的，且具有确定性，因此它获得“空间填充设计”的名号[5,6,34]。方开泰教授专门开发了一系列“均匀设计表”，以供试件点的排布使用[32]。

② 整体均值模型

均匀试验设计希望通过样本点的均匀分布，得到一个整体平均值与实际总平均值偏差最小的结果。

③ 鲁棒性

无论模型如何变化，均匀试验设计都有望在许多情况下稳健地使用。

（2）均匀试验法的基本原则

均匀试验设计的基本原则如下：

① 整体均值模型

假设响应 g 与其独立输入变量 x_1、x_2、x_3…、x_s 之间有确定性关系的存在，且响应的公式可以表示为，

$$g = G(x_1, x_2, x_3, \cdots, x_s), \quad x = \{x_1, x_2, x_3, \cdots, x_s\} \in C^s \tag{6.18}$$

进一步的假设是 $C^s = [0,1]^s$ 上的响应 g 的整体平均值为

$$\overline{E(g)} = \int_{C^s} G(x_1, x_2, x_3, \cdots, x_s) \mathrm{d}x_1 \mathrm{d}x_2 \mathrm{d}x_3, \cdots, \mathrm{d}x_s \tag{6.19}$$

此外，如果在 C^s 上取 m 个采样点 $q_1,q_2,q_3,\cdots,q_m$，以计算 g 的平均值，则 g 在这 m 个样本点上的平均值为，

$$\overline{g(D_m)} = \frac{1}{m}\sum_{i=1}^{m} G(q_i) \tag{6.20}$$

在式（6.20）中，$D_m = \{q_1,q_2,q_3,\cdots,q_m\}$表示这 m 个样本点的一个设计。方开泰教授等指出，如果样本点 $q_1,q_2,q_3,\cdots,q_m$ 均匀分布在 C^s 域内，则 $\varepsilon = \overline{E(g)} - \overline{g(D_m)}$ 在 C^s 和 D_m 上的样本点集的偏差会很小。

② 均匀设计表

方开泰教授开发了均匀设计表及其使用表[32]，用它可以方便地为样本点确定出具体的位置。

③ 回归

通常，在使用采样点的离散化条件下，就可以通过回归的办法得到响应 $R' = R'(x_1,x_2,x_3,\cdots,x_m)$与独立输入变量之间的关系。

（3）误差分析的目的

尽管方开泰教授在他的著作中给出了各点集的偏差[5,6]，但应用其处理实际问题的精度估计尚不清楚。本节从实际应用的角度出发，利用均匀试验设计采样点对定积分的整体误差和最大值问题的误差进行了初步探讨。

6.4.2 应用均匀试验法处理实际问题的误差分析

（1）散点在空间的分布规律

均匀试验表 $U_n(n^q)$有 n 行 q 列，q 是正整数 n 的欧拉函数。对于每个 n，$q=\varphi(n)=n(1-1/p_1)(1-1/p_2)\cdots(1-1/p_v)$。根据数论，假设每个 n 都有唯一的素数分解[5,6,32]，$n=p_1^{r_1}\cdot p_2^{r_2}\cdots p_v^{r_v}$，其中 $r_1,r_2,\cdots,r_v$ 表示正整数，$p_1,p_2,\cdots,p_v$ 表示不同的素数。而且，独立因子的个数最多是 $t=\varphi(n)/2+1$，即对于每个 n，都需要满足 $s\leqslant t$，s 是所研究问题的独立变量的实际个数[5,6,32]。在超立方[0,1]区域中，样本点是均匀分布的。特别地，对于一个独立变量的情况，设计 $x^*=[1/2n,3/2n,5/2n,\cdots,(2n-3)/2n,(2n-1)/2n]^{\mathrm{T}}$ 是[0,1]区域上具有低偏差或星偏差 $D^*(x^*)$的唯一设计[5,6,32]。显然，在一个自变量情况下，上述设计中样本点的均匀分布与定积分的矩形法的中点法相同[35-37]。

根据中点规则，位于 x_0 附近很小范围 δ 内的定积分 $E(g)=\int_{x_0-\delta/2}^{x_0+\delta/2}g(x)\mathrm{d}x$ 就可以近似地表示为 $I=g(x_0)\cdot\delta$，其局部误差为$\varepsilon_{\mathrm{M}}=\delta^3\cdot g''(x_0)/24$[35-37]，其中 $g''(x_0)$表示位置 x_0 处的二阶导数，通常当 δ 足够小时，ε_{M} 就可以忽略不计[35-37]。

此外，函数 $g(x)$在$[x_0-\delta/2,x_0+\delta/2]$区域内，如果以 x_0 处的函数值 $g(x_0)$来近似它，则其局部误差约为 $g'(x_0)\cdot\delta/2$。此外，考虑函数 $g(x)$在其范围$[a,b]$内的最大值，假设如果函数 $g(x)$在其范围$[a,b]$内的离散点 $x_l=a+(2l-1)(b-a))/2n$，$l\in[1,2,3,\cdots,n]$处得到其最大值 $g(x)$，则该函数的实际最大值 $g_{\max}(x)$与离散点 x_l 处的名义最大值 $g(x_l)$的实际误差 $E_{\mathrm{actual}}=g_{\max}(x)-g$ 就可用下式来近似，

$$E_{\mathrm{est}}=g'(x_l)\cdot\delta/2\approx|g(x_{l+1})-g(x_l)|/2 \tag{6.21}$$

作为一个例子，让我们通过使用 11 个离散的均匀采样点[18,38]，对函数 e^x 在[0,1.5]范围内的取值进行误差分析。对于这样的问题，按照 UED 的程序[5,6,32]，11 个采样点均匀分布在[0,1.5]的范围内，见表 6.10。在 $x=1.5$ 时函数 e^x 的实际值为 4.4817，而表 6.10 中给出的离散化函数 e^x 的最大值等于 4.1863。二者的实际误差为 $E_{\mathrm{actual}}=0.2954$，而使用等公式（6.21）的估计值是 $E_{\mathrm{est}}=0.2668$，接近于 E_{actual}。

表 6.10　区域[0,1.5]内 11 个采样点的分布及函数 e^x 的值

编号	位置	e^x
1	0.0682	1.0706
2	0.2045	1.2270
3	0.3409	1.4062
4	0.4773	1.6117
5	0.6136	1.8471
6	0.7500	2.1170
7	0.8864	2.4263
8	1.0227	2.7808
9	1.1591	3.1871
10	1.2955	3.6527
11	1.4318	4.1863

（2）对于 s 维问题应用 UED 求最大值的误差分析

一般而言，对于 s 维问题，假设对函数 $g(\vec{x})$ 在其域$[0,1]^s$ 内进行离散化，由于该离散化，函数 $g(\vec{x})$ 在离散点 $\overrightarrow{x_p}$ 处得到最大值 $g(\overrightarrow{x_p})$。且由于该离散化，该离散点 $\overrightarrow{x_p}$ 处的最大值 $g(\overrightarrow{x_p})$ 与函数的实际最大值 $g_{\max}(\vec{x})$ 之间的误差为 $E_{\text{actual}} = g_{\max}(\vec{x}) - g(\overrightarrow{x_p})$，其值可以通过以下等式来估计，

$$E_{\text{est}} \approx \frac{1}{2\gamma}\sum_{i=1}^{\gamma}|g(\overrightarrow{x_{p+i}}) - g(\overrightarrow{x_p})| \qquad (6.22)$$

在式(6.22)中，γ 是 $\overrightarrow{x_p}$ 点的最近邻数。因此，离散点 $\overrightarrow{x_p}$ 处的最大值 $g(\overrightarrow{x_p})$ 与函数的实际最大值 $g_{\max}(\vec{x})$ 之间的误差 $E_{\text{actual}} = g_{\max}(\vec{x}) - g(\overrightarrow{x_p})$ 就可以通过式（6.22）进行估算。

（3）应用均匀试验设计对积分离散化处理的误差分析

通过矩形中点规则[35-37]，就可以对定积分 $\overline{E(g)} = \int_a^b g(x)\mathrm{d}x$ 进行求和近似，即 $g(D_n) = \frac{b-a}{n}\sum_{i=1}^{n} g[a+(i-1/2)(b-a)/n]$。在一维时，其整体误差为

$$E_{\mathrm{M}} = \frac{1}{24}\times\frac{(b-a)^3}{n^2}\times\frac{1}{n}\sum_{i=1}^{n} g''[a+(i-1/2)(b-a)/n]$$

$$\approx \frac{(b-a)^2}{24n^2}\{g'[b-(b-a)/2n]-g'[a+(b-a)/2n]\} \tag{6.23}$$

式中，$g''(a+(i-1/2)\cdot(b-a)/n)$是在位置“$a+(i-1/2)\cdot(b-a)/n$”处的二阶导数；$g'[a+(b-a)/2n]$表示位置“$a+(b-a)/2n$”处的一阶导数。如果被积函数 $g(x)$表现为波浪形，则其求和$\varepsilon_n=\sum_{i=1}^{n} g''[a+(i-1/2)\cdot(b-a)/n]$会非常小，可以忽略不计。否则，$\varepsilon_n$的求和结果就不会为零。但是，即使对于像 e^x这样的单调函数，采用均匀分布的 11 个样本点进行离散化近似处理，也可以获得良好的精度[18,38]。以积分$\int_0^{1.5} e^x dx$为例，其精确值为$\overline{E(g)}=\int_0^{1.5} e^x dx = 3.4817$，而以 GLP 方式的 11 个离散化样本点处理，求和式$\overline{g(D_{11})}=\frac{1.5}{11}\sum_{i=1}^{11} e^{[(i-0.5)\times 1.5/11]}=3.4790$，于是$\overline{E(g)}$与$\overline{g(D_{11})}$之间的实际总误差为 0.0027，而按照公式预测的总误差值为 0.0025，与实际误差相差不远。

对于高维，整个误差可以通过下式进行类比估算：

$$|E_{\mathrm{M}}| \leqslant \frac{1}{24s\cdot n}\sum_{i=1}^{s}(b_l-a_l)^3 M(l) \tag{6.24}$$

在式（6.24）中，$M(l)$项表示第 l 个自变量 $x_l \in [a_l,b_l]$的二次偏微商的最大值 $\max g''(x)$。更为详细的讨论可参考文献[39]。

6.4.3 有关圆周率估算和均匀分布应用的典型实例

图 6.1 是采用方开泰教授均匀试验表 $U_{37}(37^{12})$布局的 37 个均匀散点[32]。按照圆的特性及其与外接正方形的几何关系，处于 1/4 单位圆内的散点数与整个[0,1]× [0,1]正方形区域内的散点数之比的 4 倍，应等于圆周率[40]。

由图 6.1 可以看出，处于 1/4 单位圆内的散点数是 29，而整个[0,1]×[0,1]正方形区域内的散点数是 37。此时，二者的比例系数的 4 倍等于 3.135135，与圆周率近似值 3.141593 的相对误差是−0.21%。

图 6.2 是采用自己排布的一种由 37 个散点构成的准均匀分布点。由图 6.2 可以看出，处于 1/4 单位圆内的散点数也为 29，与整个[0,1]×[0,1]正方形区域内的散点数 37 比值的 4 倍也等于 3.135135。

表 6.11 为采用方开泰教授均匀试验表 $U_{37}(37^{12})$布局的 37 个均匀散点的坐标。表 6.12 是自己排布的一种由 37 个散点构成的分布的坐标。

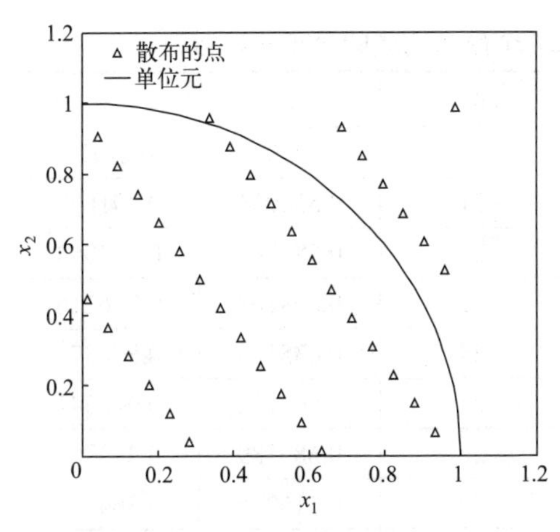

图 6.1 采用方开泰均匀试验表 $U_{37}(37^{12})$ 布局的 37 个均匀散点

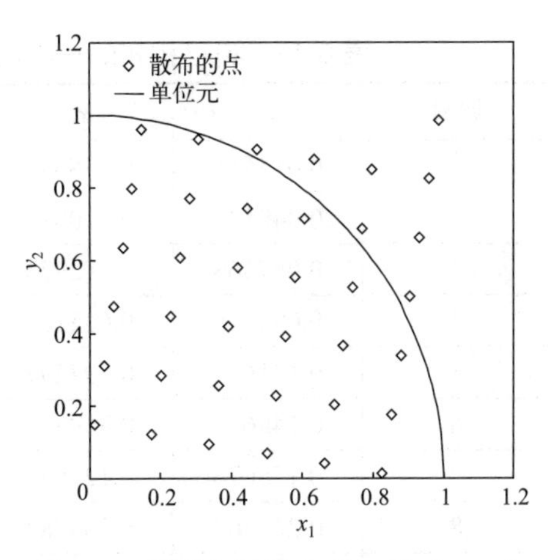

图 6.2 采用自己排布的一种由 37 个散点构成的分布

表 6.11 采用方开泰均匀试验表 $U_{37}(37^{12})$布局的 37 个均匀散点的坐标

编号	x_1	x_2	编号	x_1	x_2
1	0.013514	0.445946	20	0.527027	0.175676
2	0.040541	0.905405	21	0.554054	0.635135
3	0.067568	0.364865	22	0.581081	0.094595
4	0.094595	0.824324	23	0.608108	0.554054
5	0.121622	0.283784	24	0.635135	0.013514
6	0.148649	0.743243	25	0.662162	0.472973
7	0.175676	0.202703	26	0.689189	0.932432
8	0.202703	0.662162	27	0.716216	0.391892
9	0.229730	0.121622	28	0.743243	0.851351
10	0.256757	0.581081	29	0.77027	0.310811
11	0.283784	0.040541	30	0.797297	0.770270
12	0.310811	0.5	31	0.824324	0.229730
13	0.337838	0.959459	32	0.851351	0.689189
14	0.364865	0.418919	33	0.878378	0.148649
15	0.391892	0.878378	34	0.905405	0.608108
16	0.418919	0.337838	35	0.932432	0.067568
17	0.445946	0.797297	36	0.959459	0.527027
18	0.472973	0.256757	37	0.986486	0.986486
19	0.5	0.716216			

表 6.12 自己排布的一种由 37 个散点构成的分布的坐标

编号	x_1	x_2	编号	x_1	x_2
1	0.013514	0.148649	20	0.527027	0.22973
2	0.040541	0.310811	21	0.554054	0.391892
3	0.067568	0.472973	22	0.581081	0.554054
4	0.094595	0.635135	23	0.608108	0.716216
5	0.121622	0.797297	24	0.635135	0.878378
6	0.148649	0.959459	25	0.662162	0.040541
7	0.175676	0.121622	26	0.689189	0.202703
8	0.202703	0.283784	27	0.716216	0.364865
9	0.22973	0.445946	28	0.743243	0.527027
10	0.256757	0.608108	29	0.770270	0.689189
11	0.283784	0.770270	30	0.797297	0.851351
12	0.310811	0.932432	31	0.824324	0.013514
13	0.337838	0.094595	32	0.851351	0.175676
14	0.364865	0.256757	33	0.878378	0.337838
15	0.391892	0.418919	34	0.905405	0.5
16	0.418919	0.581081	35	0.932432	0.662162
17	0.445946	0.743243	36	0.959459	0.824324
18	0.472973	0.905405	37	0.986486	0.986486
19	0.5	0.067568			

何光报道了采用 Monte Carlo 模拟估算圆周率的结果[40]。采用 1000 个试验点模拟 3 次，得到的模拟试验数据分别为：3.1522、3.1238 和 3.1348，其平均值为 3.136933，与 3.141593 的相对误差是−0.15%，跟本节采用 37 个均匀分布试验点的结果处在相同的量级；采用 5000 个试验点，运行 3 次的结果分别为：3.13556、3.14348 和 3.14376，平均值为 3.140933，与 3.141593 的相对误差是−0.02%，优于 37 个均匀分布试验点结果；采用 10000 个试验点，运行 3 次的结果分别为：3.14042、3.13318 和 3.13904，平均值为 3.137547，与 3.141593 的相对误差是−0.13%，略优于 37 个均匀分布试验点结果。总体来看，在 1000~10000 个随机点范围内，Monte Carlo 模拟估算圆周率的结果不比 37 个均匀分布的试验点的结果好多少。其原因在于 Monte Carlo 模拟的收敛速度很慢且正比于 $1/n^{0.5}$，n 为模拟点子总数。刘长虹等也探讨了采用蒙特卡罗法进行数值积分的问题[41]，得到类似的结果。

赵旭东在石油资源量估算中对比分析了数论均匀布点法与蒙特卡罗法评价的差别[42]，结果表明，在同样相对误差条件下，均匀布点的数量几乎比蒙特卡罗法低一个数量级。

6.4.4 结论

本节分析了用均匀设计处理离散化样本的设计试验和定积分的误差分析，借助类比方法以及定积分的矩形法的中点法则进行了误差估计。研究表明，在定积分和函数最大值的估测中，样本点的整体误差随样本点的个数的增加呈下降趋势，而适当的样本点的个数反过来可以由所预设的精度要求来确定。

6.5 小结

本章提供了在一种复杂问题以及使用概率基多目标优化方法中遇到复杂积分时，可以采用均匀试验法或者好格点(GLP)进行离散化处理和序贯优化方法，也对这类处理的误差进行了初步分析，对于其实际使用具有参考价值。

参考文献

[1] 冯兰军，赵国瑞. 应用高等数学. 北京：北京邮电大学出版社, 2016.

[2] 杨建峰. 世界重大发现与发明. 北京：外文出版社, 2013.

[3] 华罗庚，王元. 数值积分及其应用. 北京：科学出版社, 1963.

[4] Izaac J., Wang J.. Computational Quantum Mechanics. Cham, Switzerland: Springer, 2018.

[5] Fang K-T., Liu M-Q., Qin H., Zhou Y-D.. Theory and Application of Uniform Experimental Designs. Beijing and Singapore: Science Press & Springer Nature, 2018. https://doi.org/10.1007/978-981- 13-2041-5.

[6] Fang K-T., Wang Y.. Number-theoretic Methods in Statistics. 1994, London, UK: Chapman & Hall.

[7] Hua L-K., Wang Y.. Applications of Number Theory to Numerical Analysis. Beijing, Berlin and New York: Springer-Verlag & Science Press, 1981.

[8] Paskov S. H.. New methodologies for valuing derivatives. In: Mathematics of Derivative Securities, Ed. by S. Pliska & M. Dempster, 1996, Cambridge: Isaac Newton Institute & Cambridge University Press. 545-582. https://doi.org/10.7916/D8TB1FRJ.

[9] Paskov S. H., Traub J. F.. Faster valuation of financial derivatives. Journal of Portfolio Management, 1995, 22(1): 113-120. https://doi.org/10.3905/jpm. 1995. 409541.

[10] Sloan I. H., Woiniakowski H.. When are quasi-Monte Carlo algorithms efficient for high dimensional integrals? Journal of Complexity, 1998, 14(1): 1-33. https://doi.org/10.1006/jcom.1997.0463.

[11] Tezuka S.. Financial applications of Monte Carlo and Quasi-Monte Carlo methods. In: Random and quasi-random point sets. Lecture Notes in Statistics, 138, Ed. by P. Hellekalek & G. Larcher, New York, USA: Springer, 1998, 303-332. https://doi.org/10.1007/978-1-4612-1702-27.

[12] Tezuka S.. Quasi-Monte Carlo-discrepancy between theory and practice. In: Monte Carlo and Quasi-Monte Carlo Methods 2000, Ed. by K.T. Fang, H. Niederreiter & F. J. Hickernell, Heidelberg, Germany: Springer-Verlag, 2002, 124-140. https://doi.org/10.1007/978-3-642-56046-0_8.

[13] Caflisch R. E., Morokoff W., Owen A.. Valuation of mortgage-backed securities using Brownian bridges to reduce effective dimension. Journal of Computational Finance, 1997, 1(1): 27-46. https://doi.org/10.21314/JCF.1997.005.

[14] Papageorgiou A., Traub J. F.. Faster evaluation of multi-dimensional integrals. Computers in Physics, 1997, 11: 574-578. Doi: 10.1063/1.168616.

[15] Ripley B. D.. Spatial Statistics, NJ, USA: John Wiley & Sons, 1981.

[16] Dunn R., Harrison A. R.. Two-dimensional systematic sampling of land use. Appl. Statist., 1993, 42 (4): 585-601.

[17] Wang J. F., Stein A., Gao B. B., Ge Y.. A review of spatial sampling, Spatial Statistics, 2, 1-14, 2012.

[18] Zheng M., Yu J., Teng H., Cui Y., Wang Y.. Probability-Based Multi-objective Optimization for Material Selection. 2nd Ed. Singapore: Springer, 2023. https://doi.org/10.1007/978-981-99-3939-8.

[19] 四川大学数学系高等数学教研组. 高等数学(第一册). 北京: 人民教育出版社, 1978.

[20] 四川大学数学系高等数学教研组. 高等数学(第一册). 3 版. 北京: 高等教育出版社, 2006.

[21] 何凤霞, 张翠莲. 华北电力大学学报, 2005, 32(3): 110-112.

[22] 孙维君, 秦华. 蒙特卡罗方法在三重积分中的应用, 山东理工大学学报(自然科

学版), 2008, 22(1): 60-63. DOI:10.13367/j.cnki.sdgc.2008.01.002.

[23] 郑华盛, 胡结梅, 李曦, 曹修平. 高维数值积分的蒙特卡罗方法. 南昌航空大学学报(自然科学版), 2009, 23(2): 37-41.

[24] 韩俊林, 任薇. 利用蒙特卡罗方法与拟蒙特卡罗方法计算定积分. 山西师范大学学报(自然科学版), 2007, 21(1): 13-17.

[25] Zhao K., Yang X.. Efficiency for a class of multi-objective optimization problems. Operations Research Transactions, 2011, 15(3): 1-8.

[26] Xiao X., Xiao D., Lin J., Xiao Y.. Overview on Multi-objective Optimization Problem Research, Application Research of Computers, 2011, 28(3): 805-827. https://doi.org/10.3969/j.issn.1001-3695.2011.03.002.

[27] Wang Y., Fang K.. On number-theoretic method in statistics simulation, Science China Mathematics, 2010, 53(1): 179-186. https://doi.org/10.1007/s11425-009-0126-3.

[28] Fang K.. Uniform design-application of number theory method in experimental design. Acta Mathematicae Applicatea Sinica, 1980, 3(4): 363-272.

[29] Zhu Y.. On the convergence of sequential number-theoretic method for optimization, Acta Mathematicae Applicatae Sinica, 2001, 17(4): 532-538. https://doi.org/10.1007/BF02669707.

[30] Gong F., Cui H., Zhang L., Liang Y.. An improved algorithm of sequential number-theoretic optimization SNTO/based on clustering technique. Chemometrics and Intelligent Laboratory Systems, 1999, 45: 339-346. https://doi.org/10.1016/S0169-7439(98)00141-5.

[31] Ji Y. B., Alaerts G., Xu C. J., Hu Y. Z., Heyden Y. V.. Sequential uniform designs for fingerprints development of *Ginkgo Biloba* extracts by capillary electrophoresis. Journal of Chromatography A, 2006, 1128: 273-281. https://doi.org/10.1016/j.chroma.2006.06.053.

[32] 方开泰. 均匀设计与均匀设计表. 北京: 科学出版社, 1994.

[33] Zheng M., Teng H., Wang Y.. Hybrids of uniform test and sequential uniform designs with “intersection” method for multi-objective optimization, TEHNIČKI GLASNIK, 2023, 17(1): 94-97. https://doi.org/10.31803/tg-20211130132744.

[34] Liu M. Q., Lin D. K. J., Zhou Y.. The contribution to experimental designs by Kai-Tai Fang. In: Contemporary Experimental Design, Multivariate Analysis and Data Mining, Festschrift in Honour of Professor Kai-Tai Fang, eds. by J. Fan, J. Pan, Cham, Switzerland: Springer, 2020: 21-35. https://doi.org/10.1007/978-3-030-46161-4.

[35] Holmes M. H., Analysis Introduction to Scientific Computing and Data Analysis.

Switzerland AG, Cham, Switzerland: Springer Nature, 2016. https://doi.org/10.1007/978-3-319-30256-0.

[36] Izaac J., Wang J.. Computational Quantum Mechanics. Switzerland AG, Cham, Switzerland: Springer Nature, 2018. https://doi.org/10.1007/978-3-319-99930-2.

[37] Stickler B. A., Schachinger E.. Basic Concept in Computational Physics, 2nd Ed. Switzerland AG, Cham, Switzerland: Springer Nature, 2016. https://doi.org/10.1007/978-3-319-27265-8.

[38] Yu J., Zheng M., Teng H., Wang Y.. An efficient approach for calculating a definite integral with about a dozen of sampling points. Vojnotehnicki Glasnik, 2022, 70(2): 340-356. https://doi.org/10. 5937/vojtehg70-36029.

[39] Zheng M., Yu J., Teng H., Wang Y.. Error analysis for designed test and numerical integral by using UED in material research, TEHNIČKI GLASNIK 2023, 17(2): 153-157. https://doi.org/ 10.31803/tg-20220504103756.

[40] 何光. 用蒙特卡罗方法计算圆周率的近似值. 内江师范学院学报, 2008, 23(4): 14-16.

[41] 刘长虹, 关永亮, 寿卓佳, 陈聪. 蒙特卡洛法在数值积分上的应用. 上海工程技术大学学报, 2010, 24(1): 43-46.

[42] 赵旭东. 数论布点法与蒙特卡洛法在石油资源量估算中的比较. 石油勘探与开发, 1992, 19(4): 36-41.

第 7 章
概率基模糊多目标优化

摘要：本章采用概率基多目标优化方法（PMOO），以模糊论和概率论的基本原理和方法为基础，建立了一个概率基模糊多目标的优化模型。以选材材料为例，材料性能指标的效用由候选材料性能模糊数的隶属度函数与所期望的材料性能模糊数的隶属度函数的交集决定。进而，利用各材料性能指标的效用值进行其偏青睐概率的评估，并用概率论的方法实现了概率基模糊多目标优化。此外，通过两个典型实例说明材料选择的模糊多目标优化的实施过程。

关键词：概率论；多目标优化；模糊；交集；效用；隶属度。

7.1 引言

多目标优化（MOO）在解决涉及多属性和备选方案评估的问题时非常有用[1-4]。目标(属性)经常是相互冲突的,这使得很难提供一个合理的决策[5-8]。另一方面，在某些情况下，常会涉及响应以语言或近似方式来表达的，这使得评估在某种意义上具有“模糊”的特征[1-4]。对于工程师或制造公司来说，为结构或机器部件选择合适的材料是一件复杂和耗时的事情，因为它涉及许多相互冲突的目标和候选的方案，甚至具有“模糊”的特征。在一个方案中，既涉及效益型目标，又涉及成本型特征的目标，其确定和评价都是错综复杂的。就材料选择而言，会涉及许多潜在属性（目标），如硬度、机械加工性、成本和耐蚀性等，这些属性在材料选择过程中必须一起考虑。因此，某一结构或机器部件材料选择的多目标优化问题，在涉及许多定量和定性标准的情况下就尤为复杂[5-8]。在牵涉定量和定性标准的情况下，设计者不得不面对选择合适的量化方法来处理非量化属性的问题。关于定性标准的评估通常含有主观因素，因此具有不精确性[1-8]。因此，制定一个标准，来对比方案之间的优劣是极为常见的事情[9,10]。在一些材料替代方式的选择中，适用性评价标准是主观的或语言的，比如属性的重要性权重、耐蚀性等。实际上，这就使它成为一个带有模糊性的问题。

许多研究者试图开发模糊 MOO 方法用于材料选择。其做法一般是通过简单地将模糊概念与传统的 MOO 方法相结合来进行的[1-10]，例如，通过与 TOPSIS、层次分析法（AHP）、Vlsekriterijumsko Kompromisno Rangiranje（VIKOR）、基于比率分析的多目标优化（MOORA）等的结合。然而，这种模糊概念与传统 MOO 方法的简单结合，未必是合理的做法。因为传统 MOO 方法本身就存在固有的缺点，其“加法”算法就不适用于“多个目标的同时优化”[11-13]。

近来，我们创建的概率基多目标优化方法（PMOO），旨在用概率论的方法解决传统 MOO 的固有问题[11-13]。提出了偏青睐概率的新概念，以反映属性效用指标在优化中受青睐的程度。在这一新方法中，根据方案在优化中的具体功能和青睐程度，将所有属性效用指标初步划分为效益型和成本型两类；备选方案的每个属性的效用指标对整体优化的贡献用一个偏青睐概率定量地刻画。此外，根据概率论和集合论，所有偏青睐概率的乘积就等于方案的总体青睐概率，而且它是该优化过程中唯一的确定性指标。如此，就将多目标优化问题转化为单目标优化问题了。所有属性效用指标的同时优化是多目标优化的本质问题，从概率论的观点来看，这个问题就合理地过渡为所有偏青睐概率的乘积等于方案的总青睐概率的单一目标的优化[11-13]。

本章采用概率基多目标优化方法，将模糊概念与多目标优化方法进行合理的结合，以模糊论和概率论的基本原理和方法为出发点，建立概率基模糊多目标优化（PFMOO）模式。此外，通过两个材料选择和设计的实例说明了PFMOO 的基本过程。

7.2 概率基模糊多目标优化模型

7.2.1 模糊语言表达的目标属性的隶属度

对于多目标（MOO）问题，其属性指标完全具有确定性特征的问题，已在前几章论述过了。本章只论述具有模糊特征的定性和定量属性的评估问题。现以材料选择为例予以说明。

（1）定量属性指标的隶属度

通常材料的属性可以用数字（数据）来表示，如表 7.1。然而，由于材料加工的操作具有随机性，这种材料性能指标不是严格固定的，而是在某些区域（某一上下限范围）变化的。例如，不锈钢 410 的硬度约为[155,350]HB[3]。这种定量化特征可以归为“第一类”模糊数。有时，区间的下限和上限也是不确定的，在这种情况下，其定量化特征可以被看作是“第二类”模糊数。

由于材料的定量性能的值可以大致在一个区间（下限和上限之间）内变化，因此可以采用梯形函数来反映材料的定量化特性的隶属度值[3]。例如，不锈钢 410 的硬度大约在“155HB 至 350HB”的范围内，这可以表示成（139,155,350,385），即将数据库给出的属性值在下限和上限处进行 10%的模糊化处理[3]，这种定量化性能的隶属函数如图 7.1 和表 7.1 所示。另一方面，对于具有数值“大约等于 300HB”的属性指标，可以用（280,300,300,320）

来表示，如图7.1中的形式4所示。类似地，图7.1中形式1和形式3也具有相应的特定含义，即小于或等于某一数据和大于或等于某一数据[3]。

表7.1　某些金属材料性能的数据[3]

金属	硬度/HB	机械加工性等级①/%	成本/($/lb)	耐蚀性②
不锈钢17-4PH	270～420	25	4～5	推荐
不锈钢410	155～350	40	3	推荐
不锈钢440A	215～390	30	2.5～3.0	推荐
不锈钢304	150～330	45	2	推荐
高镍耐蚀铸铁	130～250	35	0.8～1.3	推荐
高铬铸铁	250～700	25	2～2.5	推荐
镍硬铸铁	525～600	30	1.8～2.2	推荐
镍200合金	75～230	55	4	可接受
Monel 400合金	110～240	35	8	推荐
Inconel 600合金	170～290	45	8.5～9.0	推荐

① 规定冷拉AISI 1112钢的机械加工性等级取值为100%。② 指南规定的腐蚀速率< 0.02mm/年为“推荐”，0.02mm/年<腐蚀速率< 0.05mm/年为“可接受”，腐蚀速率> 0.05mm/年为“不推荐”。

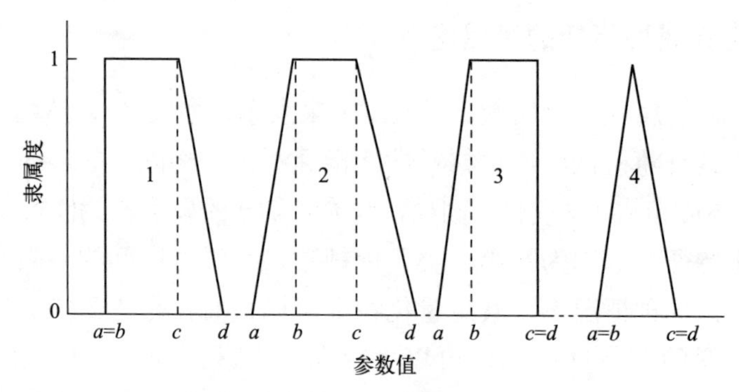

图7.1　梯形隶属函数的形式

（2）定性性能指标的隶属度

具有语言特征的定性属性，常以文字或句子形式来表达。例如，对于“耐蚀性”，通常的语言表达是“推荐”（$\tilde{R}\mathrm{e}$）、或“可接受”（$\tilde{A}\mathrm{c}$）、或“不推荐”（$\tilde{N}\tilde{R}$）；对于相关材料特性的重要性权重，常见的语言表述是“高”（$\tilde{w}_{\mathrm{h}}$）、或“非常高”（$\tilde{w}_{\mathrm{vh}}$）、或“中等”（$\tilde{w}_{\mathrm{m}}$）等。

实际上，对于物质的属性指标和重要性权重，应该按照不同的方式加以处理。重要性的权重可以通过主观评分来评估，例如，相关材料属性的重要性权重，其中“高”（$\tilde{w}_{\mathrm{h}}$）可以用“8 分”来评分，“很高”（$\tilde{w}_{\mathrm{vh}}$）可以用“10 分”，“中等”（$\tilde{w}_{\mathrm{m}}$）可以用“6 分”来评分。而材料的属性指标，实际上有其一定的原有含义，也可以用梯形模糊数来表示。例如，根据表 7.1 中给出的分类准则[3]，“耐蚀性”的隶属函数被定义为，$\tilde{R}\mathrm{e}$：（18,18,18,22）；$\tilde{A}\mathrm{c}$：（18,20,50,55）；$\tilde{N}\tilde{R}$：（45,55,55,55）。

（3）材料性能指标的“期望值”和“可用值”

预设的所需材料性能指标值也可以转化为梯形模糊数，并且作为对材料选择的要求或条件，即“期望值”。例如，要求布氏硬度的期望值大约等于 300HB（$\tilde{D}_1$），它可以由梯形模糊数表示为（270,300,300,330），这由图 7.1 中的第 4 种形式来描述。

通常，来自实际生产或手册中的材料性能指标数值在材料选择中可作为“可用值”，来经受“期望值”的筛选。

（4）材料性能的效用

通过材料性能指标的“期望值”对所候选材料性能指标的“可用值”进行筛选，就是寻找二者的“交集”，此“交集”就可用于确定该候选材料的某一性能指标在选材中的效用值。可分为下列情况：

① 完全覆盖

如果属性指标的期望值梯形模糊数范围完全覆盖了某个候选材料性能指标可用值的梯形模糊数，则相应材料性能指标的效用值就设定为“1”。

② 完全不覆盖

如果属性指标的期望值梯形模糊数范围与某个候选材料性能指标可用值的梯形模糊数无关，即完全不覆盖（无交集），则相应材料性能指标的效用值就设定为“0”。

③ 部分覆盖

介于上述两种情况之间，如果属性指标的期望值梯形模糊数范围部分覆盖了某个候选材料性能指标可用值的梯形模糊数，则相应材料性能的效用值就是其覆盖部分的面积值与材料性能可用值梯形模糊数的总面积之比。

例如，对布氏硬度的期望值大约等于300HB（$\tilde{D}_d$），其梯形模糊数可表示为：（270,300,300,330），而镍200合金的可用梯形模糊数（$\tilde{D}_a$）由下式给出：（67,75,230,253），显然，镍200与300HB（$\tilde{D}_d$）之间就没有“交集”，因此镍200在硬度方面的效用值就为“0”；而不锈钢410的可用梯形模糊数（$\tilde{D}_a$）由下式给出：（139,155,350,385），因而不锈钢410的硬度与300HB（$\tilde{D}_d$）之间就存在“交集”，不锈钢410的硬度效用值的结果是0.1354。此外，对于成本的期望值小于或等于 3.5 美元/磅（$\tilde{D}_d$），其梯形模糊数$\tilde{D}_d$可以表示为：（0,0,3.5,3.85），不锈钢410价格的可用梯形模糊数$\tilde{D}_a$由下式给出：（2.7,3,3,3.3），不锈钢410价格的梯形模糊数就被3.5美元/磅（$\tilde{D}_d$）期望值的梯形模糊数完全覆盖，因此不锈钢410价格在成本中的效用值就为“1”。

7.2.2 概率基模糊多目标优化（PFMOO）

由于可用材料性能的效用值是根据模糊语言和集合论通过上一节的程序进行评估的，该程序用于所需指标的筛选，因此可用材料性能数据合理地进行模糊概率基多目标优化（PFMOO）[11-13]。图7.2显示了利用材料性能指标进行“概率基多目标优化”的一般程序。

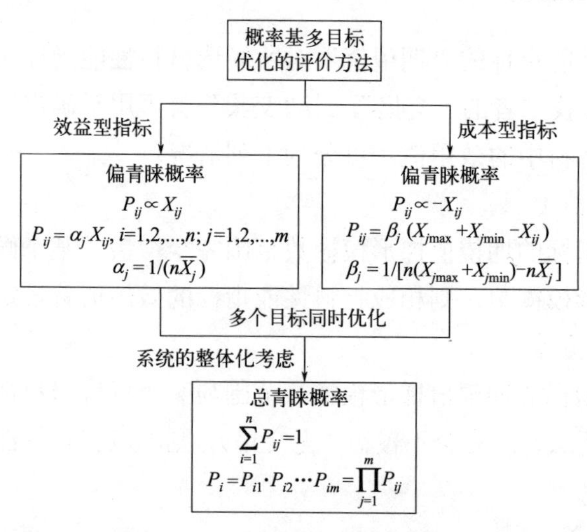

图7.2 PFMOO方法的流程

7.3 应用实例

（1）用材料性能指标预设的“期望值”筛选候选材料“可用值”的情况

以喷气燃料系统喷嘴选材的工程应用为例[3]，所需材料的具体期望值和重要性权重因子如表 7.2 所示[3]，该期望值用于筛选所提供的候选材料。

表 7.2 材料特性的期望值

性能	布氏硬度（$\tilde{D}_{d1}$）/HB	机械加工性等级①（$\tilde{D}_{d2}$）/%	成本（$\tilde{D}_{d3}$）/(\$/lb)	耐蚀性（$\tilde{D}_{d4}$）
$\tilde{D}_d$	（270，300，300，330）	（27，30，100，100）	（0，0，3.5，3.85）	（18，18，18，22）
权重得分	8	10	6	6
权重因子	4/15	1/3	1/5	1/5

① 见表 7.1。

表 7.2 的一般含义如下，布氏硬度约等于 300 HB（$\tilde{D}_{d1}$），机械加工性等级约大于或等于 30（$\tilde{D}_{d2}$），成本约小于或等于 3.5 美元/磅（$\tilde{D}_{d3}$），耐蚀性为“推荐”（$\tilde{D}_{d4}$）。对所需材料特性的重要性权重的评估，硬度为“8 分”表示“高”（$\tilde{w}_h$），机械加工性等级为“10 分”表示“非常高”（$\tilde{w}_{vh}$），成本和耐蚀性为“中等”（$\tilde{w}_m$），得分为“6 分”。对于表 7.1 所给出的候选材料，将其转换成梯形模糊数，得到表 7.3 所示的结果。参照文献[3]的做法，模糊数是对数据库的每个属性值的上下限作 10%模糊性处理而得到的。

表 7.4 给出了使用材料性能的期望值进行筛选后，候选材料的效用值。表 7.5 给出了青睐概率和排序的评估结果。在评估材料性能指标效用值的偏青睐概率时，上述 4 种效用值都具有“越高越好”的特点，因此都属于效益型指标，对于候选材料的总青睐概率的评估，采用如下的表达式[11-13]

$$P_t = P_{hd}^{w1} \cdot P_{mr}^{w2} \cdot P_c^{w3} \cdot P_{cr}^{w4} \tag{7.1}$$

式（7.1）中的符号 P_{hd}、P_{mr}、P_c 和 P_{cr} 分别表示硬度、机械加工性、成本和耐蚀性的偏青睐概率，w_1、w_2、w_3 和 w_4 分别表示相应属性的重要性权重因子。从表 7.5 可以看出，不锈钢 440A 位列第 1，紧随其后的是不锈钢 410。

表 7.3　对应于表 7.1 的候选材料属性的梯形模糊数

金属	硬度 $\tilde{D}_{ai1}$	机械加工性等级① $\tilde{D}_{ai2}$	成本 $\tilde{D}_{ai3}$	耐蚀性 $\tilde{D}_{ai4}$
不锈钢 17-4PH	(243，270，420，462)	(22，25，25，28)	(3.6，4，5，5.5)	(18，18，18，22)
不锈钢 410	(139，155，350，385)	(36，40，40，44)	(2.7，3，3，3.3)	(18，18，18，22)
不锈钢 440A	(188，215，390，429)	(27，30，30，33)	(2.2，2.5，3，3.3)	(18，18，18，22)
不锈钢 304	(140，150，330，363)	(40，45，45，50)	(1.8，2，2，2.2)	(45，55，55，55)
高镍耐蚀铸铁	(117，130，250，275)	(31，35，35，39)	(0.7，0.8，1.3，1.4)	(18，18，18，22)
高铬铸铁	(225，250，700，770)	(22，25，25，28)	(1.8，2，2.5，2.8)	(18，18，18，22)
镍硬铸铁	(472，525，600，660)	(27，30，30，33)	(1.6，1.8，2.2，2.4)	(18，18，18，22)
镍 200 合金	(67，75，230，253)	(49，55，55，61)	(3.6，4，4，4.4)	(18，20，50，55)
Monel 400 合金	(100，110，240，264)	(31，35，35，39)	(7.2，8，8，8.8)	(18，18，18，22)
Inconel 600 合金	(153，170，290，319)	(40，45，45，50)	(7.6，8.5，9，9.9)	(18，18，18，22)

① 见表 7.1。

表 7.4　采用材料选择的预期值进行筛选得到的候选材料的效用值

金属	硬度（hd）$\tilde{D}_{ai1}$	机械加工性等级①（mr）$\tilde{D}_{ai2}$	成本（c）（$\tilde{D}_{ai3}$）	耐蚀性（cr）（$\tilde{D}_{ai4}$）
重要性权重	8	10	6	6
归一化后的权重	0.2667	0.3333	0.2	0.2
不锈钢 410	0.1354	1	1	1
不锈钢 440A	0.1442	1	1	1
不锈钢 304	—			
高镍耐蚀铸铁	0.0016	1	1	1
高铬铸铁	0.0603	0.0278	1	1
镍硬铸铁	—			
Nickel 200 合金	—			
Monel 400 合金	—			
Inconel 600 合金	—			

① 见表 7.1。

表 7.5　青睐概率和排序的评估结果

金属	偏青睐概率				总青睐概率 P_t	排序
	P_{hd}	P_{mr}	P_c	P_{cr}		
不锈钢 410	0.3965	0.3303	0.25	0.25	0.3102	2
不锈钢 440A	0.4223	0.3303	0.25	0.25	0.3155	1
高镍耐蚀铸铁	0.0047	0.3303	0.25	0.25	0.0951	3
高铬铸铁	0.1766	0.0092	0.25	0.25	0.0758	4

（2）已有材料性能指标“可用值”的情况

对于已有材料性能指标“可用值”的情况，在多目标优化过程中，就可以省去“筛选”的步骤。而且可以从材料性能指标的梯形模糊数或隶属度直接获得或者等价于其模糊“可用值”。

以鼓风机与异步电动机连接的设计问题为例予以说明[14]。

某台装置中需要解决鼓风机与异步电动机之间的连接问题。原动机为滑环式异步电动机，其功率为 10kW，转速 $n_1 = 1450$r/min，鼓风机转速 $n_2 = 630$r/min，每天工作 16h，带轮中心距的范围为 x：500～800mm。要求该部件维修方便，制造费用低些，寿命长些。而且这三个目标的重要性程度为：维修方便 > 寿命长些 > 制造费用低些。

该问题可以求解如下。

① 权重因子的确定

当“维修方便，制造费用低些，寿命长些”这三个目标的重要性基本一样时，其权重因子应该均等于 1/3。因此，我们可以用 1/3 为基准，在三者之间居中者（寿命）的权重值设定为 1/3，而维修方便和制造费用低的权重值则分别大于和小于 1/3，比如维修方便的权重因子设定为 5/12，而制造费用低的权重因子设定为 1/4。

② 目标函数的梯形模糊数

参照文献[14]的做法，将带轮中心距的范围 x：500～800mm，划分为 11 个等份，且“维修方便，制造费用低些，寿命长些”三个目标的隶属度值也按照其推算办法得到，即：带轮中心距越小对维修越不利，随着中心距的增大维修方便程度也随之改善，因而“维修方便程度”的隶属度增加。但当中心距达到 $x = 650$mm 以后，再增加中心距对“维修方便程度”无多大改善；随中心距的增大，支架与三角带的费用增加，因而制造费用也随之增大，故随着中心距增加而“费用低些”的隶属度就减小；中心距对寿命的影响实际上来自于三角带长对寿命的关系。三角带的带长增加，会导致单位时间内带的绕转次数下降，从而使带的寿命增加，故中心距增加 x，对“寿命长些”的隶属度增大。依照文献[14]的数据，可以推算出将带轮中心距的范围 x：500～800mm 划分为 11 个等份时，“维修方便，制造费用低些，寿命长些”3 个目标的隶属度值，如表 7.6 所示。

表 7.6　“维修方便，制造费用低些，寿命长些”3 个目标的隶属度值

序号	中心距 x/mm	维修方便（u_1）	费用小（u_2）	寿命长（u_3）
1	542.2727	0.2	1.0	0.1
2	566.8182	0.3	0.9	0.2
3	591.3636	0.4	0.8	0.3
4	615.9091	0.5	0.7	0.4
5	640.4545	0.5	0.6	0.5
6	665.0000	0.6	0.5	0.6
7	689.5455	0.6	0.4	0.7
8	714.0909	0.6	0.3	0.8
9	738.6364	0.6	0.2	0.9
10	763.1818	0.6	0.1	1.0
11	787.7273	0.6	0.1	1.0

将表 7.6 所列出的“维修方便，制造费用低些，寿命长些”3 个目标的隶属度值（u_1、u_2 和 u_3）直接等价于其模糊“可用值”，就可以实现对其青睐概率的评价。由于上述可用值都是由目标本身的“偏好”方式给定的，故属于效益型的属性。进而，表 7.7 给出了“维修方便，制造费用低些，寿命长些”3 个目标的偏青睐概率和该多目标优化设计的总青睐概率的评价结果。

表 7.7　“维修方便，制造费用低些，寿命长些”的评价结果

序号	偏青睐概率			总青睐概率 P_t	排序
	P_{u1}	P_{u2}	P_{u3}		
1	0.0364	0.1786	0.0154	0.0498	11
2	0.0545	0.1607	0.0308	0.0678	8
3	0.0727	0.1429	0.0462	0.0813	6
4	0.0909	0.1250	0.0615	0.0917	4

续表

序号	偏青睐概率			总青睐概率 P_t	排序
	P_{u1}	P_{u2}	P_{u3}		
5	0.0909	0.1071	0.0769	0.0921	3
6	0.1091	0.0893	0.0923	0.0979	1
7	0.1091	0.0714	0.1077	0.0944	2
8	0.1091	0.0536	0.1231	0.0887	5
9	0.1091	0.0357	0.1385	0.0798	7
10	0.1091	0.0179	0.1538	0.0650	9
11	0.1091	0.0179	0.1538	0.0650	9

从表 7.7 给出的排序可以看出，第 6 个方案（中心距 x 为 665.0mm）具有最大的总青睐概率，位列第 1，第 7 个方案紧随其后。

7.4 小结

从以上讨论可以看出，本章建立了概率基模糊多目标优化方法。利用候选对象的性能模糊数的隶属函数和设计中所预设的性能期望值模糊数的隶属函数的交集，就可以确定候选对象的性能指标的效用值。进一步，应用每个候选对象的性能指标的效用值，可以自然地实施概率基多目标的模糊优化。

参考文献

[1] Enea M., Piazza T.. Project selection by constrained fuzzy AHP. Fuzzy Optimization and Decision Making, 2004, 3: 39-62.

[2] Önüt S., Soner Kara S., Efendigil T.. A hybrid fuzzy MCDM approach to machine tool selection. J. Intell. Manuf., 2008, 19: 443-453. DOI 10.1007/s10845-008-0095-3.

[3] Liao T. W.. A fuzzy multicriteria decision-making method for material selection. Journal oJ ManuJacturing Systems, 1996, 15(1): 1-12.

[4] Vasant P., Barsoum N. N.. Fuzzy optimization of units products in mix-product selection problem using fuzzy linear programming approach. Soft Comput., 2006, 10:

144-151. DOI 10.1007/s00500- 004-0437-9.

[5] Babanli M., Gojayev T.. Application of fuzzy AHP method to material selection problem. Aliev R. A., et al. (Eds.): WCIS 2020, AISC 1323, 254-261, 2021. Switzerland AG: Springer Nature, 2021, https://doi.org/10.1007/978-3-030-68004 -6_33.

[6] Vats G., Vaish R.. Piezoelectric material selection for transducers under fuzzy environment. Journal of Advanced Ceramics, 2013, 2(2): 141-148. DOI: 10.1007/ s40145-013-0053-1.

[7] Germashev I. V., Kharitonov M. A., Derbisher E. V., Derbisher V. E.. Selection of components of a composite material under fuzzy information conditions. A. G. Kravets, et al. (eds.), Cyber-Physical Systems: Advances in Design & Modelling, Studies in Systems, Decision and Control 259, Switzerland AG. Springer Nature, 2020. https://doi.org/10.1007/978-3-030-32579-4_17.

[8] Deng Y.. Plant location selection based on fuzzy TOPSIS. Int. J. Adv. Manuf. Technol., 2006, 28: 839-844. DOI 10.1007/s00170-004-2436-5.

[9] Dikshit‑Ratnaparkhi A., Bormane D., Ghongade R.. A novel entropy‑based weighted attribute selection in enhanced multicriteria decision‑making using fuzzy TOPSIS model for hesitant fuzzy rough environment. Complex & Intelligent Systems, 2021, 7: 1785-1796. https://doi.org/10.1007/ s40747-020-00187-8.

[10] Tavana M., Shaabani A., Santos-Arteaga F. J., Valaei N.. An integrated fuzzy sustainable supplier evaluation and selection framework for green supply chains in reverse logistics. Environmental Science and Pollution Research, 2021, 28: 53953-53982. https://doi.org/10.1007/s11356-021- 14302-w.

[11] Zheng M., Wang Y., Teng H.. An novel method based on probability theory for simultaneous optimization of multi-object orthogonal test design in material engineering. Kovove Material, 2022, 60: 45-53.

[12] Zheng M., Teng H., Wang H. Y.. A novel approach based on probability theory for material selection. Materialwissenschaft und Werkstofftechnik, 2022, 53: 666-674. https://doi.org/10.1002/ mawe.202100226.

[13] Zheng M., Yu J., Teng H., Cui Y., Wang Y.. Probability-based Multi-objective Optimization for Material Selection. 2nd Ed.. Singapore: Springer, 2023. https:// doi.org/10.10079/978-981-99-3939-8.

[14] 高法良. 模糊分析方法在机械设计中的应用. 机械设计, 1990, 8(4): 55-59.

第 8 章
多个目标的聚类分析

摘要：本章阐述了多个目标聚类分析的方法和基本用途，以及采用线性相关系数分析方法从多个目标中选择出独立目标的基本思路。

关键词：多个目标；聚类分析；独立目标；线性相关系数；同时优化。

8.1 引言

本书前言已经叙及，在以系统论的观点，揭示出“多目标优化”的本质是“多个目标的同时优化”后，进一步可采用集合论和概率论方法，将其中的每一个目标都看作是一个“独立事件”。而从集合论和概率论的角度，“独立事件”之间的交集，以及“独立事件”的“联合概率”就可以用于表征“多个独立事件”“同时出现”的状态。这样，当我们把“多个目标同时优化”问题中“每个目标”都等效于一个“独立事件”时，“多个目标同时优化”问题就变得“有章可循”了。而将“每个目标”等效于一个“独立事件”又有赖于通过聚类分析能够从“多个目标”中分离出“独立事件”，这样才能建立理性的概率基多目标优化方法。本章就集中探讨通过聚类分析方法，从“多个目标”中分离出“独立事件”的这一问题。

聚类分析起源于生物学的一个分支。生物学家为了研究生物的演变规律，根据各种生物的特征将它们归属于不同的界、门、纲、目、科、属、种等。在考古学中，常常通过了解组成样品的物质特征，大致判断出样品的归属，从而分析确认样品的所属年代。对于中药材及中成药的分类和质量研究，也经常依据药品的一些特征、特性，物种的含量参数等对其进行分类[1]。

通过将事物进行分类，人们就可以逐步深入地认识物质世界的较深层次的问题。起初的分类方法，多半依靠经验或者专业知识来进行，因此，可归之为定性的方法。后来，逐步采用数学办法来进行，得到一定的具有特征数值的定量的分类。利用数学方法进行定量的、较为科学的分类，应该成为一种发展趋势。

聚类分析也是多元分析的一个重要分支，发展非常迅速。而今，聚类分析已经在考古、生物、地质、工农业生产、天气预报、医学、医药等领域获得广泛应用。

实际上，在聚类分析过程中，类不是事先给出的，需要根据观测数据的特征而确定，并且对类的数目和类的结构不必作任何假定。聚类的结果中，属于同一类的对象在某种意义上倾向于彼此相似，而属于不同类的对象倾向于不相似。聚类分析的目的就是把所要分类的对象按照一定的规则分成若干的类[2]。

聚类分析根据分类对象不同，可分为 Q 型聚类分析和 R 型聚类分析[3]。Q 型聚类分析是对样品进行的，R 型聚类分析是对变量进行的。本章我们主要讨论 R 型聚类分析。

通常认为，聚类分析的方法，就是在样品之间定义距离，在变量之间定义相似系数,距离或相似系数代表样品或变量之间的相似程度。在下一节中，将会看到，实际上在变量之间定义相关系数来表征变量之间的相似程度更为妥当。

按照相似程度的大小，将样品（或变量）逐一归类，关系密切的类聚集到一个小的分类单位，然后逐步扩大，使得关系疏远的聚合到一个大的分类单位，直到所有的样品（或变量）都聚集完毕，形成一个表示亲疏关系的聚类图。依次按照某些要求对样品（或变量）进行分类[3]。

相似性质越接近的变量，它们的相似系数越接近于 1 或−1，彼此无关的变量，它们的相似系数则越接近于 0。相似的归为一类，不相似的归为不同类；而距离则是“点”与“点”之间的“空间”特性，将每一个样品看作 p 维空间的一个点，并用某种度量测量点与点之间的距离，距离较近的点归为一类，距离较远的点归属于不同的类。

（1）相似系数

通常用“相似系数”来表征样品或变量之间的相似程度，但是，通过对“相似系数”的仔细分析可以得出，“相似系数”未必是表征样品或变量之间的相似程度的“好量”。

“相似系数”的定义式为，

$$S_{jk} = \frac{\sum_{i=1}^{m} x_{ij} x_{ik}}{(\sum_{i=1}^{m} x_{ij}^2 \sum_{i=1}^{m} x_{ik}^2)^{0.5}} \cdots \quad (8.1)$$

式（8.1）中，S_{jk} 是表征两个属性 x_{ij} 和 x_{ik} 之间在时间或空间上相似程度的“相似系数”。

进一步，还可以对属性 x_{ij} 进行“规范化”处理，即，

$$y_{ij} = (x_{ij} - A_j)/(B_j - A_j) \quad (8.2)$$

式中，$A_j = \min\{x_{ij}, i = 1,2,\cdots,m\}$，$B_j = \max\{x_{ij}, i = 1,2,\cdots,m\}$。于是得到

$$S'_{jk}=\frac{\sum_{i=1}^{m}y_{ij}y_{ik}}{(\sum_{i=1}^{m}y_{ij}^2\sum_{i=1}^{m}y_{ik}^2)^{0.5}} \tag{8.3}$$

事实上，对于具体的某一问题，式（8.1）和式（8.3）的结果并不等价。

此外，式（8.1）和式（8.3）的结果也并不能反映出两个图形或属性之间的相似性。

因此，由“相似系数”的定义所得到的两个属性之间的“相似系数”，未必能够作为表征样品或变量之间相似程度的“好量”。

如下例所述。

[案例 1] 表 8.1 给出了 7 个不同样品的三种属性数值，而且在图 8.1 中以曲线 1、2 和 3 分别表示不同样品的这三种属性的变化特性，求属性（1）与属性（2）、（3）之间的相似系数。

表 8.1 不同样品的三种属性数值

样品编号	属性值 1	属性值 2	属性值 3
1	1	4	10
2	2	5	9
3	3	6	8
4	4	7	7
5	5	8	6
6	6	9	5
7	7	10	4

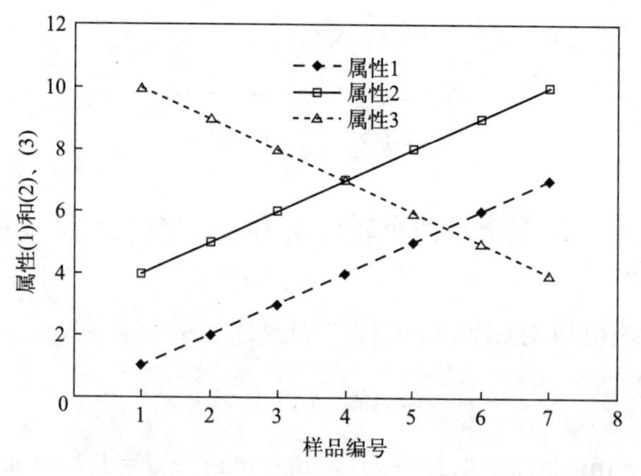

图 8.1 不同样品的三种属性

按照式（8.1），可以求得此 7 个样品的属性 1 与属性 2 之间的相似系数：

$$S_{12} = 0.9829 \tag{8.4}$$

而按照式（8.2），则可求得此 7 个样品的属性 1 与属性 2 之间的相似系数：

$$S'_{12} = 1 \tag{8.5}$$

式（8.4）和式（8.5）分别给出的数值，二者并不相等！这表明，采用如此这般定义的“相似系数”，未必能够作为表征变量之间相似程度的“好量”。

再来看属性（1）与属性（3）之间的相似系数。式（8.1）可以求得此 7 个样品的属性（1）与属性（3）之间的相似系数：

$$S_{13} = 0.7372 \tag{8.6}$$

另外，按照式（8.3），则可求得此 7 个样品的属性 1 与属性 3 之间的相似系数：

$$S'_{13} = 0.3846 \tag{8.7}$$

这样的结果充分表明，采用如此这般定义的“相似系数”对于表征变量之间的相似程度的确未必合适。其他讨论相似系数的参见文献[5-7]。

（2）相关系数

“相关系数”的定义式为：

$$r_{jk} = \frac{\sum_{i=1}^{m}(x_{ij} - \overline{x_j})(x_{ik} - \overline{x_k})}{[\sum_{i=1}^{m}(x_{ij} - \overline{x_j})^2 \sum_{i=1}^{m}(x_{ik} - \overline{x_k})^2]^{0.5}} \tag{8.8}$$

式（8.8）中，r_{jk} 是表征两个属性 x_{ij} 和 x_{ik} 之间相关程度的“相关系数”，$\overline{x_j}$ 是第 j 个属性的平均值，$\overline{x_k}$ 是第 k 个属性的平均值。

现以实例对“相关系数”进行分析。

[案例 2] 对图 8.1 和表 8.1 所给出的不同样品的属性（1）和属性（2），求二者之间的相关系数。

在此，我们利用式（8.8）对表 8.1 和图 8.1 的属性（1）和属性（2）的数据进行分析，得到其相关系数 $r_{12}=1$。对表 8.1 和图 8.1 的属性（1）和属性（3）的数据进行分析，得到其相关系数 $r_{13}=-1$。

其实，表 8.1 和图 8.1 的属性（1）和属性（2）的数据之间只是发生了一个相对平移，即“第 2 个属性值”=“第 1 个属性值+3”，当然它们是完全线性相关的，而且是完全相似的。但是，按照相似性的定义式（8.1），其相似性却被“打了折扣”，因此可以说“相似系数”未必能够作为表征样品或变量之间的相似程度的“好量”。

但是，对于相关系数，它正是反映线性比例关系的一个系数，用于体现样品或变量之间的相似程度更为合理；此外，相关系数还具有类似于式（8.2）的“规范化”的不变性。

另外，阎惠芳等通过对 2000 年 6～8 月间黄淮主汛期内郑州市气象台降水预报业务与现场试验的分析，表明采用相关系数的预报方法，因对形相似方面描述细致，在降水相似预报中是很有用的，尤其对 24 小时内预报尤为重要[8]。

（3）距离

在样品之间定义距离，距离越小表示它们越接近。

常用的距离有：明氏距离、欧氏距离和切比雪夫距离等。如果原始数据为

$$\begin{bmatrix} x_{11} & x_{12} & \cdots & x_{1p} \\ x_{21} & x_{22} & \cdots & x_{2p} \\ \vdots & \vdots & \vdots & \vdots \\ x_{n1} & x_{n2} & \cdots & x_{np} \end{bmatrix}$$

则明氏距离为 $d_{ij}=(\sum_{l=1}^{p}|x_{il}-x_{jl}|^{k})^{1/k}$。特别地，当 $k=1$ 时，即为绝对值距离 $d_{ij}=\sum_{l=1}^{p}|x_{il}-x_{jl}|$；当 $k=2$ 时，即为欧氏距离 $d_{ij}=(\sum_{l=1}^{p}|x_{il}-x_{jl}|^{2})^{1/2}$；当 $k=\infty$时，即为切比雪夫距离 $d_{ij}=\max_{1\leqslant l\leqslant p}|x_{il}-x_{jl}|$。

此外，考虑到不同属性之间的量纲差异，通常采用式（8.2）的形式进行规范化处理。

8.2 聚类分析在多目标优化中的应用

前已叙及，在概率基多目标优化中，将“每个目标”等效于一个“独立事件”，又有赖于通过聚类分析能够从“多个目标”中分离出“独立事件”。本节就来探讨从多个目标中分离出“独立目标”的问题。仍以实例进行说明。

曹式忠采用聚类分析对刀具材料的物理力学性能进行分析[9]，现对其进行重新分析，以充分认识刀具材料在物理力学性能方面的亲疏关系。表 8.2 为刀具材料的 8 个样本的物理力学性能[9]。

表 8.2　刀具材料的 8 个样本的物理力学性能[9]

材料	密度 /(g/cm^3)	热导率 /[W/(m·℃)]	线胀系数 /(10^{-6}/℃)	硬度 /HRA×0.1	抗弯强度 /GPa	冲击韧性 /(kJ/m^2)×0.1	耐热性 /℃×0.01
W18 Cr4V	8.7	20.9	11	8.31	3.2	25	6.2
YG6	14.8	79.6	4.5	8.95	1.45	3	9
YG6x	14.8	79.6	4.4	9.1	1.4	2	9
YG8	14.7	75.4	4.5	8.9	1.5	4	9
YT30	9.5	20.9	7	9.25	0.9	0.3	10
YT14	11.6	33.5	6.21	9.05	1.2	0.7	9
Al_2O_3陶瓷 AM	3.95	19.2	7.9	9.1	0.5	0.5	12
Si_3N_4陶瓷 SM	3.26	38.2	1.75	9.2	0.8	0.4	13

经过对表 8.2 中数据的分析表明，刀具材料的硬度与抗弯强度、冲击韧性之间有着很强的相关性，如图 8.2～图 8.4 所示，它们的线性相关系数 R 都大于 94%，接近 95%。

对于此组材料，在做多目标优化分析时，由于抗弯强度和冲击韧性是强正相关的，可以将抗弯强度和冲击韧性归为一类，只取其中之一作为“独立目标”属性参与评估。但是，如果在评估中，对于此组刀具材料，在抗弯强度和冲击韧性中，选取了此两个属性同时都参与评估，就等价于加大了其权重因子，就属于多于“独立目标”的“非独立目标”参与多目标优化分析和评估。

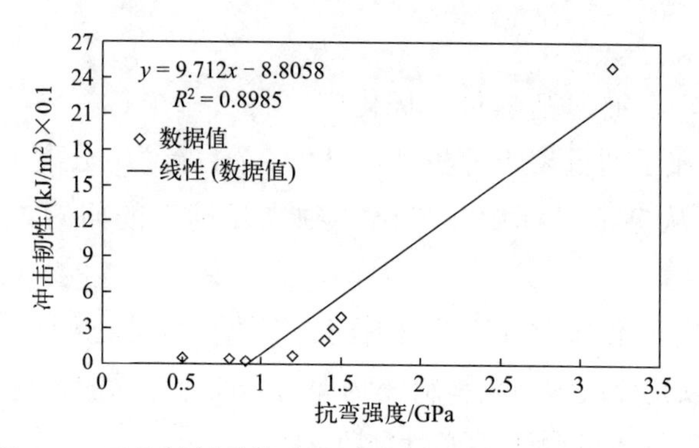

图 8.2 刀具材料的抗弯强度与冲击韧性之间的相关性

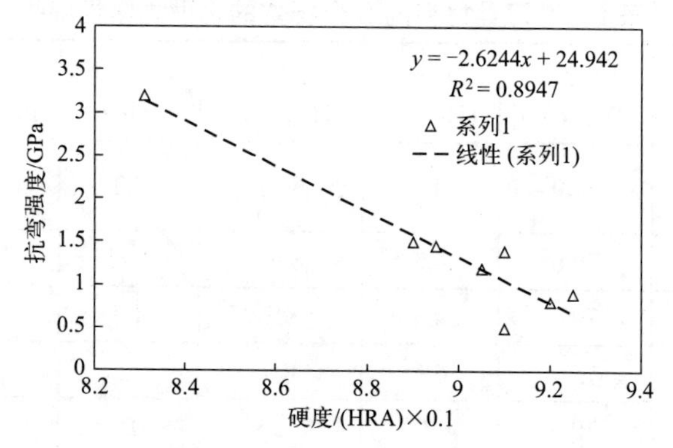

图 8.3 刀具材料的硬度与抗弯强度之间的相关性

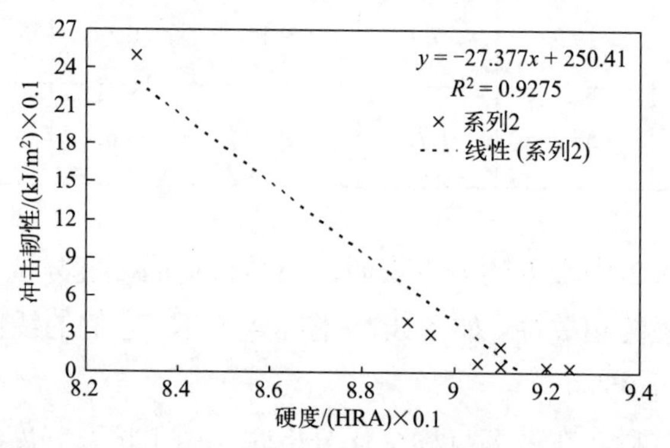

图 8.4 刀具材料的硬度与冲击韧性之间的相关性

另外，目前还出现了一些基于模糊理论的聚类分析方法[10-16]。

8.3 小结

采用线性相关系数分析方法,可以从多个目标中选择出独立目标。在评估中，如果多于“独立目标”的“非独立目标”属性同时参与多目标优化分析和评估，就等价于加大了其权重因子。

参考文献

[1] 张福良. 聚类分析与中药质量研究. 北京: 人民卫生出版社, 1994.

[2] 肖枝洪, 余家林. 多元统计与 SAS 应用. 2 版. 武汉: 武汉大学出版社, 2013.

[3] 韩明. 应用多元统计分析. 2 版. 上海: 同济大学出版社, 2017.

[4] 颜筱红. 基于相似系数和距离的农机选型评价模型. 安徽农业科学, 2011, 39(19): 11888-11891.

[5] 徐德义, 夏明远, 刘贤龙. 相似系数的指标综合法及其应用. 华中师范大学学报(自然科学版), 1995, 29(2): 155-157.

[6] 许伯济. 相似系数定义的合理性. 工科数学, 1992, 8(3): 13-20.

[7] 钟漫如. 成份数据间的相似系数和距离. 数理医药学杂志, 1996, 9(2): 145-147.

[8] 阎惠芳, 李社宗, 黄跃青, 张霞. 常用相似性判据的检验和综合相似系数的使用. 气象科技, 2003, 31(4): 211-215.

[9] 曹式忠. 刀具材料物理机械性能的模糊聚类分析. 天津纺织工学院学报, 1997, 16(5): 26-30.

[10] 俞树荣, 张俊武, 李建华. 基于模糊聚类的材料力学性能确定方法. 甘肃科学学报, 2001, 13(1): 6-11.

[11] 邵蓉. 模糊聚类分析方法在系统分析中的应用. 辽宁化工, 2002, 31(9): 386-389.

[12] 杨春, 邓红. 基于模糊聚类分析的多目标决策方法. 西安财经学院学报, 2005, 18(4): 31-34.

[13] 干久安. 硬质合金刀具切削性能的模糊聚类分析. 哈尔滨船舶工程学院学报, 1989, 10(1): 40-53.

[14] Giordani P., Ferrao M. B., Martella F.. An introduction to Clustering with R.

Singapore: Springer, 2020.
[15] Shitong W., Chung K. F., Hongbin S., Ruiqiang Z.. Note on the relationship between probabilistic and fuzzy clustering. Soft Computing, 2004, 8: 366-369.
[16] Pedrycz W.. An introduction to computing with fuzzy sets. Cham, Switzerland: Springer, 2021.

第9章
概率基多目标优化方法的广泛应用

摘要：本章论述了概率基多目标优化方法在多目标最短路径问题和多目标规划问题，以及证券组合、工程协同优化和机械加工等问题中的应用。

对于多目标最短路径问题，已往采用帕累托（Pareto）方法很难获得多个目标同时优化的最短路径解。我们以类比的方法，将每个目标视为一个单独的事件。这样，多目标的同时优化就相当于多个事件同时发生的一个联合事件，从而可以在概率论的基础上合理地解决多目标的同时优化问题；根据目标效用指标的实际偏好程度，评价每个方案的每一目标的偏青睐概率。此外，从概率论的角度来看，每个方案（路径）的目标效用的所有偏青睐概率的乘积就等于相应方案（路径）的总青睐概率。总青睐概率在多目标最短路径问题中就是决定性的唯一指标。因此，多目标最短路径问题的最优解就是总青睐概率最高的方案（路径）。最后，举例说明该方法的具体实施过程和步骤。

对于多目标规划问题，利用概率基多目标优化将其转化为单一目标的优化问题，再以“好格点法”进行离散化和序贯优化进行深度优化，建立了一种处理多目标规划问题的有效方法。

关键词：多目标；最短路径；同时优化；概率论；青睐概率；离散化；序贯算法。

9.1 引言

前已叙及，多目标优化指对优化体系所涉及的“多个目标”进行“同时优化”，而且各个目标之间可能相互“冲突”，即一个目标的优化是以其他目标的劣化为代价。因此，要使体系的整体功能达到最优，则其中的各个目标之间就需要相互“协同”和“配合”。

目前，多目标优化的理念已广泛应用在工程设计、选材、金融、交通网络规划、运筹、医疗、卫生、战略规划、水利等众多行业和领域，其用途和领域非常广阔。

本章分别介绍概率基多目标优化方法在多目标最短路径问题和多目标规划问题，以及在证券组合和工程协同优化问题、机械加工等领域的一些应用。

9.2 多目标最短路径问题

9.2.1 概述

最短路径是网络优化中的经典问题。50 年代的 Dijkstra 算法和 60 年代的 Floyd 算法已经很好地解决了单目标最短路径问题[1]。然而，进入 20 世纪 90 年代，由于智能技术、通信技术和信息科学的新发展，出现了一些新问题。这些新问题主要表现为有多个目标同时出现，使最短路径问题的研究再次活跃起来[2-7]。

通常单目标的最小化，如成本或运输时间等，被认为是最短路径的一般问题。但由于交通网络的路线选择往往需要同时考虑多个目标，如成本、时间、风险、安全等，不同的目标需要在解决方案中同时得到优化。Current 等人对多目标最短路径问题进行了分类和概括[8]。求解多目标最短路径问题的主要方法可以分为三类，即效用函数法、互动方法和产生式方法。

效用函数法需要通过决策者的先验偏好信息来确定相应的效用函数；互

动方法在解决整个问题的过程中使用偏好信息；产生式方法只能直接给出帕累托最优的集合或近似最优解的集合，它主要包括动态规划法、帕累托标号法和帕累托排序法等[9]。

对于多目标最短路径算法，通常的处理方法是对不同的目标进行线性加权，或者将一些目标转化为约束。对于线性加权法，其权重的确定是很受质疑的问题。对于约束最短路径问题，已被证明是 NP-问题。事实上，上述方法不仅背离了多目标优化的初衷，而且在使用上会耗费大量的时间和空间，甚至在问题规模较大时无解[10,11]。双目标最短路径问题是多目标最短路径问题中的一种常见情况。为了解决双目标最短路径问题，J. Current、C. Revelle、J. Cohon 和 J. Coutinaho-Rodrigues、J. Climcao、J. Current 研究了一般的双目标最短路径算法[12,13]，提出了交互式双目标算法。在双目标最短路径问题中，往往需要获得一条有效路径，然后进行选择。Hansen、Clímaco 和 Martins 在双目标有效路径的获取方面取得了一定的成果[14,15]。

本节从概率论的角度出发，提出了一种求解多目标最短路径问题的新方法。它将每个目标类比为一个单独的事件，因此多个目标的同时优化就相当于多个事件同时发生的联合事件。从概率论的角度出发，在多目标最短路径问题中，各个方案（路径）的每一目标（事件）都贡献出一个偏青睐概率，而每个方案（路径）的总青睐概率则作为该方案（路径）的唯一决定性指标参与评价。此外，还举例说明该方法的实施步骤。

9.2.2 在多目标最短路径问题中的应用

（1）概率基方法中青睐概率的评估

前几章给出的概率基多目标优化（PMOO）[16]，其中每个目标可以类比为一个单独的事件，从概率论的角度来看，多个目标的同时优化，就等同于多个事件同时发生的联合事件，从而将多目标同时优化的问题类比地转化为多个事件同时发生的联合概率问题。此外，PMOO 将方案中各目标（事件）效用偏好的程度转化为其偏青睐概率。从概率论的观点来看，多个目标的同时优化就可以用整体事件来描述，因此它的总（总体）青睐概率是方案中所有单个事件的所有偏青睐概率的乘积。在评估中，根据评估中的偏好或功能的特征，可以将目标的效用被初步分类为效益型或成本型两种基本类型。PMOO 的方法如图 9.1 所示。

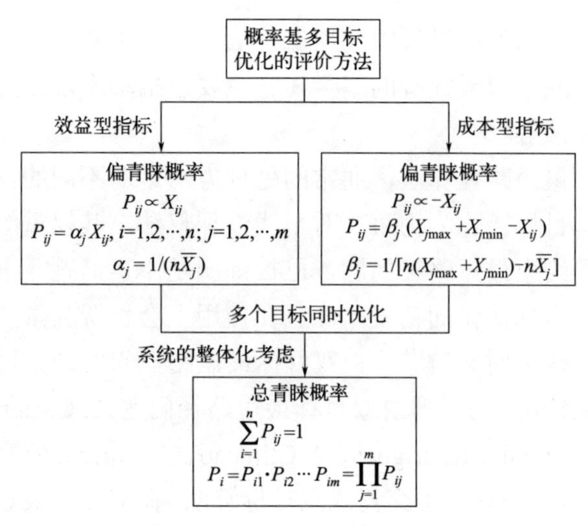

图 9.1　PMOO 方法的评估

（2）多目标最短路径问题

① 概率基多目标最短路径问题的评估程序

a．目标和事件的评估

对于多目标最短路径问题，成本、时间、风险、安全性等，是不同的目标，其中每个目标都可以类比为一个事件。因此，多目标最短路径问题就等价地转化为多个事件同时发生的联合概率问题。在每个方案（路线）中，对成本、时间、风险、安全等在其各个路段上的累加，都按照每个方案（路线）的实际区间单独进行累加核算。

b．青睐概率评估

成本、时间、风险、安全等属性的偏青睐概率，可以根据它们的特定功能或特性进行类比评估。再从概率论的角度来看，整体事件的总体（总）青睐概率是每个方案（路径）所有事件的全部偏青睐概率的乘积，从而就完成了对多目标的同时优化的评估。进一步，总青睐概率作为多目标最短路径问题中的每个方案（路线）的唯一的决定性指标参与评估。

c．多目标最短路径问题的求解

最后，多目标最短路径问题的最优解就是从多条路径中，挑选出总青睐概率最高的那个特定方案（路径）。

② 应用于货物运输的最短路径问题

现以实例来说明求解方法的具体步骤。

货物运输路径问题是一件有意义的事情，距离、成本和事故率可作为评价目标[17]。运输网络如图 9.2，表 9.1 显示了每个路段区间上有关目标属性的基本值[17]。现在的问题是为该货物运输寻找其多目标最短路径。

从图 9.2 中可以看出，运输过程是从起点 S 到目的地 T。通过搜索已经产生出该问题的 13 条备选路线[17]，如表 9.2 所示。各路线的数据评估和计算源自表 9.1 和图 9.2 的有关数据。

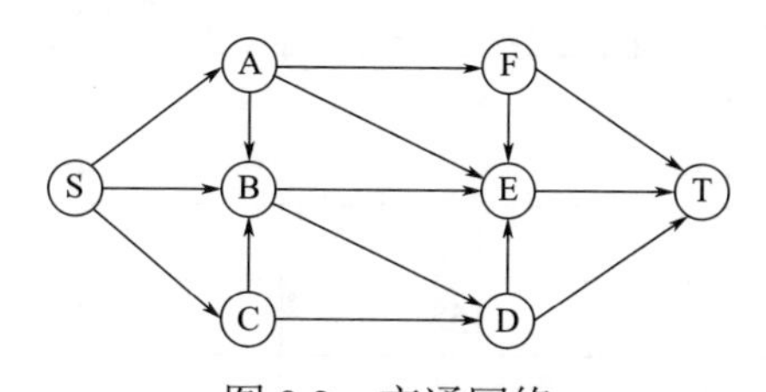

图 9.2　交通网络

表 9.1　各区间路段上目标属性的基本值

区间路段	目标		
	距离/km	成本/元	事故率/%
SA	52	120	0.20
SB	48	100	0.38
SC	45	84	0.15
AB	42	30	0.40
CB	29	70	0.60
AF	40	60	0.50
AE	35	50	0.45
BE	38	90	0.10
BD	23	30	0.80
CD	42	30	0.20
FE	60	75	0.70
DE	31	50	0.35
FT	48	30	0.45
ET	40	80	0.50
DT	50	200	0.40

表 9.2 备选路径及其目标值

编号	路线	距离（d）/km	成本（c）/元	事故率（a）/%
1	S-B-D-T	121	330	1.58
2	S-B-E-T	126	270	0.98
3	S-A-E-T	127	250	1.15
4	S-C-D-T	137	314	0.75
5	S-A-F-T	140	210	1.15
6	S-B-D-E-T	142	260	2.03
7	S-C-B-D-T	147	384	1.95
8	S-C-B-E-T	152	324	0.90
9	S-C-D-E-T	158	244	1.20
10	S-C-B-D-E-T	168	314	2.40
11	S-A-B-E-T	172	320	1.20
12	S-A-B-D-E-T	188	310	2.25
13	S-A -F-E-T	192	335	1.90

a．不考虑权重因子的情况

在这一节中，我们来研究在不考虑目标权重因子的情况下的运输路径问题。

在这个运输问题中，目标（事件）即距离、费用和事故率都是每个方案评价中的成本型指标。可以根据图 9.1 的方法，对上述 13 种备选运输路线中的每一种目标的偏青睐概率和总青睐概率 P_i 进行评估。其评估结果列于表 9.3 中。

表 9.3 的评估结果表明，方案 5（S-A-F-T）表现出最高的总青睐概率。因此，方案 5 就是我们得到的最佳路线。

表 9.3 各个备选方案的偏青睐概率和总青睐概率的评估结果

编号	偏青睐概率			总青睐概率 $P_i \times 10^4$	排序
	P_d	P_a	P_c		
1	0.0915	0.0684	0.0730	4.5699	7
2	0.0891	0.0840	0.1009	7.5499	2
3	0.0886	0.0892	0.0930	7.3485	3
4	0.0838	0.0726	0.1116	6.7917	4
5	0.0824	0.0996	0.0930	7.6297	1
6	0.0815	0.0866	0.0521	3.6733	9
7	0.0791	0.0544	0.0558	2.4022	10

续表

编号	偏青睐概率			总青睐概率 $P_i \times 10^4$	排序
	P_d	P_a	P_c		
8	0.0767	0.0700	0.1046	5.6166	6
9	0.0738	0.0907	0.0907	6.0748	5
10	0.0691	0.0726	0.0349	1.7486	13
11	0.0672	0.0710	0.0907	4.3262	8
12	0.0596	0.0736	0.0418	1.8347	12
13	0.0576	0.0672	0.0581	2.2495	11

b．考虑权重因子的情况

如果目标有权重因子，则权重因子可作为总青睐概率评估中各个偏青睐概率的指数[16]。这里，我们假设距离、成本和事故率的权重因子分别为 0.1、0.4 和 0.5，接下来就可以按照相应的呈现进行评估。

表 9.4 给出了在权重因子分别为 0.1、0.4 和 0.5 的情况下，从 S 到 T 的各个方案的偏青睐概率和总青睐概率的评估结果。

从表 9.4 数据可以看出，方案 5（S-A-F-T）恰巧又具有最高的总青睐概率 P_i，故它这次又可以选为优化路线。

表 9.4　含权重因子（权重因子 0.1、0.4 和 0.5）的评估结果

编号	偏青睐概率			总青睐概率 $P_i \times 10^2$	排序
	P_d	P_c	P_a		
1	0.0915	0.0684	0.0730	7.2761	8
2	0.0891	0.0840	0.1009	9.2600	2
3	0.0886	0.0892	0.0930	9.1006	4
4	0.0838	0.0726	0.1116	9.1306	3
5	0.0824	0.0996	0.0930	9.4413	1
6	0.0815	0.0866	0.0521	6.6740	9
7	0.0791	0.0544	0.0558	5.7209	11
8	0.0767	0.0700	0.1046	8.6357	6
9	0.0738	0.0907	0.0907	8.8850	5
10	0.0691	0.0726	0.0349	5.0062	13
11	0.0672	0.0710	0.0907	7.9803	7
12	0.0596	0.0736	0.0418	5.4340	12
13	0.0576	0.0672	0.0581	6.1522	10

③ 结论

根据以上讨论，本节建立了一种概率基最短路径方法。在评估中，每个目标都可以被类比为一个单独的事件；可根据相应事件的青睐程度，评估其青睐概率。多目标同时优化相当于多个事件以青睐概率方式同时发生，从而完成多目标最短路径问题的求解。

9.3 在多目标规划问题中的应用

多目标规划（MOP）是数学规划的一个分支，用于研究多个目标函数的优化[18]。多目标规划的思想萌芽于 1776 年对经济学中效用理论的研究。1896 年，经济学家帕累托（Pareto）首先提出了经济平衡研究中的多目标规划问题，并给出了一个简单的思路，后来被称为帕累托最优解。1947 年，von Neumann 和 Morgenster 在他们的对策论工作中提到了多目标规划问题，这引起了人们对这个问题的更多关注。1951 年，Koopmans 提出了生产和销售活动分析中的多目标优化问题，并首次提出了帕累托最优解的概念。同年，Kuhn 和 Tucker 从数学规划的角度给出了向量极值问题的帕累托最优解的概念，还研究了解存在的充分必要条件。1954 年 Debreu 关于评价平衡的讨论和 1958 年 Harwicz 关于拓扑向量空间中多目标优化问题的研究，为这门学科奠定了基础。1968 年，Johnsen 发表了第一部关于多目标决策模型的专著。直到 20 世纪 70～80 年代，多目标规划的基本理论经过众多学者的努力才最终建立起来，使其成为应用数学的一个新的分支[19]。

多目标规划问题的求解方法一般有以下几种：一种是将多个目标转化为更容易求解的单个目标的方法，如主目标法、线性加权法、理想点法等；另一种叫层次序列法，即根据目标的重要程度给定一个序列，每次在前一个目标最优解集中寻找下一个目标最优解，直至得到共同最优解。主目标法以某个 $f_1(x)$为主目标，其他 $P-1$ 个为非主目标。此时希望主目标达到最大值，其余目标则满足一定条件；线性加权方法将目标函数 $f_1(x),f_2(x),\cdots,f_p(x)$以权重系数 ω_j 进行线性加权求和，得到新的评价函数，$U(x)=\sum_{j=1}^{P}\omega_j\cdot f_j(x)$，就使多目标问题变成了单目标问题。但是，在目标的量纲不相同的条件下，还需要归一化；对于一个多目标的线性规划问题，决策者希望通过最小化与目标值的总偏差，在这些约束条件下依次达到这些目标，这就是目标规划要解决的问题[18]。

在实际工程系统中，如电力系统中的许多非线性、多变量、多约束、多目标优化问题，现有的数学方法对这些问题的优化能力有限，得到的解也不尽如人意[19]。实际上，归一化和主观因素的引入是上述“加法”算法中不可或缺的处理步骤，在将不同属性的目标转换为“单一”目标后，其最终结果在很大程度上取决于所采用的归一化方法[20]。不同的归一化方法可能会导致完全不同的结果。此外，在某些算法中，效益型性能指标和成本型性能指标以不对等的方式处理。从集合论的观点来看，多目标优化中的“加法”式算法对应于“并集”的形式。因此，上述算法在某种意义上可以看作是一种半定量的方法。

前几章提出的基于概率的多目标优化（PMOO）方法，以期解决已往多目标优化中存在主观因素的固有问题[20-22]，从而提出了一种全新的青睐概率概念来反映属性指标在优化中的青睐程度。PMOO 旨在用概率论的观点处理多目标的同时优化。所有方案的属性效用指标根据其在优化中的作用和偏好被初步分为效益型和成本型两类；备选方案的每个属性效用指标定量地贡献出一个偏青睐概率。此外，从所有偏青睐概率的乘积得到备选方案的总青睐概率，从而将多目标优化问题转化为单目标优化问题。

本节利用概率论、“好格点”离散化和序贯优化，建立了一种多目标规划的合理方法，并以实例说明这种方法应用的细节。

（1）解决方法

本节将概率论、“好格点”离散化和序贯优化算法有机地结合起来，建立了多目标规划的合理方法。概率基多目标优化方法从概率论的角度将多目标优化问题转化为单目标优化问题；“好格点”离散化提供了一种有效的抽样方法来简化数学处理，这对于处理目标函数为连续函数的多目标规划问题尤为重要；采用序贯优化算法进行深度优化。

① 基于概率论的多目标优化方法

从概率论的角度来看，“多目标同时优化”这一整体事件的概率对应于每个单个目标(事件)概率的乘积。对于多目标规划问题，其每个目标就是 PMOO 中的一个目标[20-22]。根据方案在优化中的作用和偏好，将方案中的所有性能效用指标初步分为效益型和成本型两类。具体地，对效益型指标的偏青睐概率和成本型指标的偏青睐概率 P_{ij} 的评估可以按照图 9.1 的方式进行[20-22]。

② “好格点”离散化和序贯优化

由于多目标规划问题中，目标函数有时是连续的。为了简化数学处理，可以“好格点”离散化进行简化处理。正如在文献[23-25]中所述，好格点（GLP）和均匀试验设计（UED）是一种有效的离散化方法。GLP 和 UED 的方法建立在数论的基础上，它可以通过有限个采样点得到定积分有效值[23-25]。此类有限个采样点均匀分布在积分区域内，具有低的偏差[23-25]。点集的均匀分布特性使其收敛速度比蒙特卡罗抽样法快得多[23-25]，因而是一种非常好的近似方法，被称为“拟蒙特卡罗法”。可以采用方开泰教授专门开发的均匀设计和均匀设计表进行布点 [25,26]。对于多目标优化问题，可以进一步采用序贯均匀设计或序贯优化算法（SNTO）进行深度优化[16,27]。因此，通过基于概率的多目标优化和“好格点”离散化，就可以直接求解多目标规划问题。

（2）应用

在这一节中，我们用两个例子来说明利用上述方法来解决多目标规划问题。

① 利润最大化和污染最小化的生产

一个工厂计划生产α 和β 两种产品。每种产品均要消耗 A、B 和 C 三种资源[18]。每种产品的单位资源消耗、各种资源的极限、每种产品的单位价格、单位利润和单位污染等见表 9.5[18]。而且假定所有产品都很畅销，无销售问题。现在的问题是如何安排生产，使利润和产值最大化，且造成的污染最少。

表 9.5　每种产品的单位资源消耗、单位利润和污染

科目	产品		资源限额/t
	α	β	
A 的单位消耗/t	9	4	240
B 的单位消耗/t	4	5	200
C 的单位消耗/t	3	10	300
单价/(¥RMB/t)	400	600	
利润/(¥RMB/t)	70	120	
污染/(CO_2，kg/t)	3	2	

解决方案：假设产品α 和β 的产量分别为 x_1 和 x_2，该问题的数学模型和约束条件（s. t.）如下，

$$\max f_1(x) = 70x_1+120x_2,\ \max f_2(x) = 400x_1+600x_2,\ \min f_3(x) = 3x_1+2x_2$$

约束条件（s. t.）

$$9x_1+4x_2\leqslant 240,\ 4x_1+5x_2\leqslant 200,\ 3x_1+10x_2\leqslant 300,\ x_1,x_2>0$$

由于这个问题有两个输入变量 x_1 和 x_2，根据文献[16]，在工作域内至少需要 17 个均匀分布的采样点进行离散化。这里，我们尝试使用均匀试验表 $U_{24}^*(24^9)$来实施离散化，其结果显示在表 9.6 中。从表 9.6 可以看出，由于约束条件的限制，排除了 5 个采样点，剩余的 19 个采样点处在自变量有效的工作范围内，这满足在自变量的有效范围内至少需要 17 个均匀分布采样点的要求。在这个问题中，目标函数 $f_1(x)$和 $f_2(x)$都是效益型指标，而目标函数 $f_3(x)$是成本型指标。表 9.7 给出了在相应的离散采样点上函数 f_1、f_2 和 f_3 的偏青睐概率 P_{f1}、P_{f2} 和 P_{f3} 的评估结果；P_t 表示每个备选方案的总/整体青睐概率。从表 9.7 可以看出，第 2 号采样点表现出总青睐概率的最大值。因此，围绕表 9.7 中的第 2 号选取样点，采用序贯均匀设计进行深度优化。

表 9.6　用 $U_{24}^*(24^9)$离散化的结果

编号	输入变量		目标函数			备注
	x_1	x_2	f_1	f_2	f_3	
1	0.5556	13.125	1613.889	8097.222	27.9167	
2	1.6667	26.875	3341.667	16791.67	58.75	
3	2.7778	9.375	1319.444	6736.111	27.0833	
4	3.8889	23.125	3047.222	15430.56	57.9167	
5	5	5.625	1025	5375	26.25	
6	6.1111	19.375	2752.778	14069.44	57.0833	
7	7.2222	1.875	730.5556	4013.889	25.4167	
8	8.3333	15.625	2458.333	12708.33	56.25	
9	9.4444	29.375				排除
10	10.5556	11.875	2163.889	11347.22	55.4167	
11	11.6667	25.625	3891.667	20041.67	86.25	
12	12.7778	8.125	1869.444	9986.111	54.5833	
13	13.8889	21.875	3597.222	18680.56	85.4167	
14	15	4.375	1575	8625	53.75	

续表

编号	输入变量		目标函数			备注
	x_1	x_2	f_1	f_2	f_3	
15	16.1111	18.125	3302.778	17319.44	84.5833	
16	17.2222	0.625	1280.556	7263.889	52.9167	
17	18.3333	14.375	3008.333	15958.33	83.75	
18	19.4444	28.125				排除
19	20.5556	10.625	2713.889	14597.22	82.9167	
20	21.6667	24.375				排除
21	22.7778	6.875	2419.444	13236.11	82.0833	
22	23.8889	20.625				排除
23	25	3.125	2125	11875	81.25	
24	26.1111	16.875				排除

表 9.7 使用 $U_{24}^{*}(24^9)$离散化 PMOO 的评估结果

编号	青睐概率			
	偏青睐概率			总青睐概率 $P_t \times 10^5$
	P_{f1}	P_{f2}	P_{f3}	
1	0.0365	0.0349	0.0858	10.9197
2	0.0755	0.0723	0.0539	29.452
3	0.0298	0.0290	0.0867	7.5014
4	0.0689	0.0665	0.0548	25.0748
5	0.0232	0.0232	0.0875	4.6962
6	0.0622	0.0606	0.0556	20.9791
7	0.0165	0.0173	0.0884	2.5242
8	0.0556	0.0547	0.0565	17.1850
9	0	0	0	0
10	0.0489	0.0489	0.0574	13.7128
11	0.0880	0.0863	0.0254	19.3228
12	0.0423	0.0430	0.0582	10.5826
13	0.0813	0.0805	0.0263	17.2122
14	0.0356	0.0372	0.0591	7.81463
15	0.0747	0.0746	0.0272	15.1322
16	0.0289	0.0313	0.0510	5.4291

编号	青睐概率			
	偏青睐概率			总青睐概率 $P_t \times 10^5$
	P_{f1}	P_{f2}	P_{f3}	
17	0.0680	0.0687	0.0280	13.1031
18	0	0	0	0
19	0.06135	0.0629	0.0289	11.145
20	0	0	0	0
21	0.0547	0.0570	0.0298	9.2784
22	0	0	0	0
23	0.0480	0.0512	0.0306	7.5231
24	0	0	0	0

表 9.8 给出了使用序贯均匀设计进行深度优化的评估结果，其中 $c^{(t)} = [\max P_t(i-1) - \max P_t(i)]/\max P_t(i-1)$表示第 i 个序贯优化步骤的最大总青睐概率的相对误差。如果我们假设 $c^{(t)}$的预赋值为 2%，深度优化在第 5 步就可以终止了。此时，这个多目标优化问题的最终最优结果就是 $f_{1\text{opt}} = 3591.927$，$f_{2\text{opt}} = 17962.24$ 和 $f_{3\text{opt}} = 59.9609$，而第 5 步深度优化的"坐标"为 $x_1 = 0.0521$ 和 $x_2 = 29.9023$。显然，在极限状态下，x_1 和 x_2 会分别接近于 0 和 30，这对应目标函数的最佳值分别为 $f_{1\text{opt}} = 3600$，$f_{2\text{opt}} = 18000$ 和 $f_{3\text{opt}} = 60$。

表 9.8 采用 $U_{24}^*(24^9)$离散化的序贯优化的评估结果

步阶	区域	优化"坐标"		目标函数值			最大总青睐概率 $P_t \times 10^5$	$c^{(t)}$
		x_1^*	x_2^*	$f_{1\text{opt}}$	$f_{2\text{opt}}$	$f_{3\text{opt}}$		
0	[0,26.6667]×[0,30]	1.6667	26.8750	3341.6670	16791.6700	58.7500	29.4520	
1	[0,13.3333]×[15,30]	0.8333	28.4375	3470.8330	17395.8300	59.3750	14.4243	0.5102
2	[0,6.6667]×[22.5,30]	0.4167	29.2188	3535.4170	17697.9200	59.6875	12.4265	0.1385
3	[0,3.3333]×[26.25,30]	0.2083	29.6094	3567.7080	17848.9600	59.8438	11.5726	0.0687
4	[0,1.6667]×[28.125,30]	0.1042	29.8047	3585.8540	17924.4800	59.9219	11.1760	0.0343
5	[0,0.8333]×[29.0625,30]	0.0521	29.9023	3591.9270	17962.2400	59.9609	10.9848	0.0171

② 最大化利润和单一产品

某厂生产 A 和 B 两种产品，生产 A 产品每件的利润为每件人民币 4 元，生产 B 产品每件的利润为每件人民币 3 元。单件 A 的加工时间是 B 的两倍，如果全部时间用于加工 B，每天可生产 500 件 B。工厂每天的原料供应只够生产 A 和 B 共 400 件，而且 A 产品是卖得很好的紧俏产品。现在的问题是如何安排 A 和 B 的日产量，使工厂在现有条件下获得最大利润。

解决方案：我们假设 x_1 为产品 A 的日产量，x_2 为产品 B 的日产量[28]。然后，就可以得到如下数学模型：

$$\max f_1(x) = 4x_1+3x_2,\ \max f_2(x) = x_1$$

约束条件（s. t.）

$$x_1+x_2\leqslant 400,\ 2x_1+x_2\leqslant 500,\ x_1,x_2\geqslant 0$$

由于这个问题有两个输入变量 x_1 和 x_2，同样地，在自变量的有效区域内至少需要对 17 个均匀分布的采样点进行离散化[16,27]。在此，我们尝试使用均匀试验表 $U_{31}^*(31^{10})$来进行离散化，结果如表 9.9 所示。从表 9.9 可以看出，由于约束条件的限制，排除了 14 个采样点，并且恰好有 17 个采样点处在自变量的有效区域内，满足了均匀布点近似方法对采样点的要求。在这个问题中，目标函数 $f_1(x)$和 $f_2(x)$都是效益型指标。

表 9.9 用 $U_{31}^*(31^{10})$离散化的结果

编号	输入变量		目标函数值		备注
	x_1	x_2	f_1	f_2	
1	4.0323	109.6774	345.1613	4.0323	
2	12.0968	225.8065	725.8065	12.0968	
3	20.1613	341.9355	1106.452	20.1613	
4	28.2258	45.1613	248.3871	28.2258	
5	36.2903	161.2903	629.0323	36.2903	
6	44.3548	277.4194	1009.677	44.3548	
7	52.4194	393.5484			排除
8	60.4839	96.7742	532.2581	60.4839	
9	68.5484	212.9032	912.9032	68.5484	
10	76.6129	329.0323			排除
11	84.6774	32.2581	435.4839	84.6774	

续表

编号	输入变量		目标函数值		备注
	x_1	x_2	f_1	f_2	
12	92.7419	148.3871	816.129	92.7419	
13	100.8065	264.5161	1196.774	100.8065	
14	108.871	380.6452			排除
15	116.9355	83.8710	719.3548	116.9355	
16	125	200	1100	125	
17	133.0645	316.129			排除
18	141.129	19.3548	622.5806	141.129	
19	149.1935	135.4839	1003.226	149.1935	
20	157.2581	251.6129			排除
21	165.3226	367.7419			排除
22	173.3871	70.9677	906.4516	173.3871	
23	181.4516	187.0968			排除
24	189.5161	303.2258			排除
25	**197.581**	**6.4516**	**809.677**	**197.581**	
26	205.6452	122.5806			排除
27	213.7097	238.7097			排除
28	221.7742	354.8387			排除
29	229.8387	58.06452			排除
30	237.9032	174.1935			排除
31	245.9677	290.3226			排除

表 9.10 给出了在相应的离散采样点上函数 f_1 和 f_2 的偏青睐概率 P_{f1} 和 P_{f2} 的评估结果；P_t 代表每个备选方案的总/整体青睐概率。从表 9.10 可以看出，第 25 号采样点表现出总青睐概率的最大值。因此，围绕表 9.10 中的第 25 号选取样点，采用序贯均匀设计进行深度优化。表 9.11 显示了使用序贯均匀设计进行深度优化的评估结果。同样，如果为 $c^{(t)}$ 设置一个预定的值 2%，那么深度优化在第 6 步就可以终止。此时，这个多目标优化问题的最终最优结果是 $f_{1opt} = 1000.56$ 和 $f_{2opt} = 249.597$，而第 6 步深度优化的“坐标”为 $x_1 = 249.597$ 和 $x_2 = 0.7258$。类似地，x_1 和 x_2 的极限值分别为 250 和 0，这对应目标函数的最佳值分别为 $f_{1opt} = 1000$ 和 $f_{2opt} = 250$。

表 9.10　使用 $U^*_{31}(31^{10})$离散化的 PMOO 评估结果

编号	青睐概率		
	偏青睐概率		总青睐概率 $P_t \times 10^3$
	P_{f1}	P_{f2}	
1	0.0263	0.0028	0.0729
2	0.0553	0.0083	0.4598
3	0.0843	0.0139	1.1681
4	0.0189	0.01934	0.3671
5	0.0479	0.0249	1.1954
6	0.0770	0.0305	2.3451
7	0	0	0
8	0.0406	0.0416	1.6858
9	0.0696	0.0471	3.2768
10	0	0	0
11	0.0332	0.0582	1.9310
12	0.0622	0.0637	3.9634
13	0.0912	0.0693	6.3173
14	0	0	0
15	0.0548	0.0803	4.4048
16	0.0838	0.0859	7.2000
17	0	0	0
18	0.0475	0.0970	4.6009
19	0.0765	0.1025	7.8376
20	0	0	0
21	0	0	0
22	0.0691	0.1191	8.2299
23	0	0	0
24	0	0	0
25	**0.0617**	**0.1357**	**8.377**
26	0	0	0
27	0	0	0
28	0	0	0
29	0	0	0
30	0	0	0
31	0	0	0

表 9.11　采用 $U^*_{31}(31^{10})$离散化的序贯均匀设计的评估结果

步阶	区域	优化“坐标”		目标函数值		最大总青睐概率 $P_t\times10^3$	$c^{(t)}$
		x_1^*	x_2^*	f_{1opt}	f_{2opt}		
0	[0,250]×[0,400]	197.5810	6.4516	809.6770	197.5810	8.3770	
1	[100,250]×[0,200]	218.5484	3.2258	883.8710	218.5484	4.1994	0.4987
2	[170,250]×[0,100]	233.2260	1.6129	937.7420	233.2260	3.3800	0.1951
3	[210,250]×[0,50]	241.6130	0.8065	968.8710	241.6130	3.0381	0.1011
4	[230,250]×[0,20]	248.3870	2.9032	1002.2600	248.3870	1.7052	0.4387
5	[240,250]×[0,10]	249.1935	1.4516	1001.1290	249.1935	1.6512	0.0317
6	[245,250]×[0,5]	249.5970	0.7258	1000.5600	249.5970	1.6253	0.0157

（3）讨论

在求解多目标规划问题时，已往的方法是采用“线性加权法”[16,17]，即“加法”算法，将多目标转化为单目标。从概率论的角度来看，这在本质上带有“并集”的性质[18]，还有一些方法甚至将某些目标作为约束条件来求解多目标规划问题[16,17]，这显然从根本上背离了多目标规划问题“多目标同时优化”的初衷。而基于概率的多目标优化方法试图从概率论的角度处理多目标的同时优化问题，这是多目标优化的理性方法[20-22]。因此，已往的方法给出的结果无法与基于概率的多目标优化方法的结果相比对。

（4）结论

通过使用基于概率的多目标优化来同时优化多个目标，并使用“好格点”离散化来简化其数学处理，再进一步使用序贯算法实现深度优化，可以合理地处理多个目标规划问题。该方法恰当地考虑了多目标规划问题中各目标的同时优化，自然地反映了多目标规划的本质，开辟了一条新的途径。

9.4　在金融领域的应用

（1）证券组合问题

在金融领域[29-32]，证券投资者希望获取较高的证券投资收益，同时最大限度地降低风险。通常，收益越大的证券，其风险也越大。为了降低风险，追求高效率和低风险，证券投资者就可以按照不同的投资比例对多个证券进行组合，即所谓的“证券组合”进行投资，以期获得最大的收益而具有较小的风险。

经济学家 Markowitz 的证券组合投资理论认为：投资者进行投资决策时总希望在一定的风险条件下，获得尽可能大的收益，或在收益率一定的情况下，尽可能降低风险，即研究在满足预期收益率 $E(R) \geqslant c$ 的情况下，使其风险最小；或者在满足既定风险 $X^{\mathrm{T}}CX \leqslant b$ 的情况下，使其收益最大。这两种方式可以通过下面模型 A 或 B 表示出来，

A 模型

$$\min f_2 = X^{\mathrm{T}}CX \tag{9.1}$$

$$\text{s.t.} \quad f_1 = \sum_{i=1}^{n} x_i r_i \geqslant c$$

$$\sum_{i=1}^{n} x_i = 1 \text{ , } i = 1,2,3,\cdots,n$$

B 模型

$$\max f_1 = \sum_{i=1}^{n} x_i r_i \tag{9.2}$$

$$\text{s.t.} \quad f_2^2 = X^{\mathrm{T}}CX \leqslant b$$

$$\sum_{i=1}^{n} x_i = 1, \quad i = 1,2,3,\cdots,n$$

式中，n 表示证券的个数，各个证券的期望收益率分别为 $r_1,r_2,\cdots,r_n$；第 i 个证券所占的比例为 x_i。C 表示投资的风险矩阵，$X^{\mathrm{T}}CX$ 表示投资组合风险的期望值。

进一步，以 $\sigma^2 = X^{\mathrm{T}}CX$ 表示证券投资组合的收益率的方差，用于表征投资的风险；$f_1 = E(R) = \sum_{i=1}^{n} x_i r_i$ 为所投资的 n 种证券在某一时间段内收益率的期望值；c 表示对组合投资预设的收益总值；b 表示对组合投资预设的既定风险。方差 σ^2 表示收益的各种可能值与其期望值的偏离程度，即收益的不确定性。证券组合的标准差就是方差的平方根。

经济学家 Markowitz 的上述证券组合投资理论，采用要么把风险限定在

一定的范围，获得尽可能大的收益，要么把收益限定在一定的范围，受到尽可能小的风险。这类似于第 2 章所介绍过 ε-约束解法。其缺点在于用“一个目标的优化”取代“多目标优化”，失去了“多个目标同时优化”的本征含义。

本节按照多目标优化的本意，以及我们所建立的“概率基多目标优化方法”，对“证券组合”问题进行重新分析。

按照 Markowitz 的做法，引入收益函数 f_1 和风险函数 f_2，且二者的表达式为，

$$f_1 = E(R) = \sum_{i=1}^{n} x_i r_i \tag{9.3}$$

$$f_2 = [(x_1\sigma_1)^2+(x_2\sigma_2)^2+(x_3\sigma_3)^2+\cdots+(x_n\sigma_n)^2+\beta_{1,2}(x_1\sigma_1)(x_2\sigma_2)+\beta_{1,3}(x_1\sigma_1)(x_3\sigma_3)+\beta_{1,4}(x_1\sigma_1)(x_4\sigma_4)+\cdots+\beta_{i,j}(x_i\sigma_i)(x_j\sigma_j)+\cdots+\beta_{n-1,n}(x_{n-1}\sigma_{n-1})(x_n\sigma_n)]^{0.5} \tag{9.4}$$

在式（9.3）中，$\beta_{i,j}$ 为第 i 个证券与第 j 个证券之间的相关系数。

按照“概率基多目标优化方法”对于目标的评价方法，f_1 属于效益型目标，f_2 属于成本型目标。

于是，“证券组合”问题的解答就是两个目标问题的最优化。当然，可以用“概率基多目标优化方法”进行评估求解。

（2）证券组合问题的求解

现以 3 种证券的组合为例，说明具体的优化过程。设 A 证券的预期收益率 $r_1 = 14\%$，收益标准差为 $\sigma_1 = 6\%$；B 证券的预期收益率 $r_2=8\%$，收益标准差为 $\sigma_2 = 3\%$；C 证券的预期收益率为 $r_3=20\%$，收益标准差为 $\sigma_3 = 15\%$。并且，假定 A 与 B 种证券间的相关系数 $\beta_{1,2} = 0.5$；A 与 C 种证券间的相关系数 $\beta_{1,3} = -0.2$；B 与 C 证券间的相关系数 $\beta_{2,3} = -0.4$。现需对此证券组合投资进行决策。

解答：

这是个两个目标的优化问题，设 x_1、x_2 和 x_3 分别为 A、B 和 C 等 3 个证券的投资百分比，并且由于约束条件 $x_1+x_2+x_3=1$ 的限制，实际上只含有 2 个自变量，即 x_1 和 x_2。可以选择采用混料均匀试验设计进行处理[25, 26]，由于采样点需要在三维空间进行布局，故需保证在有效区内至少包含 19 个试验采样点。以 $U^*_{19}(19^7)$来构造一个混料均匀设计表 $UM_{19}(19^3)$，见表 9.12。具体实施步骤如下：

① 选定均匀设计表　对于给定的证券个数 s（此题目中为 3 个），和采

样点个数 n（此题目中为 19 个），从方开泰教授所提供的均匀设计表中选取相应的表 $U_n^*(n^t)$或 $U_n(n^t)$和使用表[25,26]，且此时使用表的列数选为 $s-1$ 个。并以$\{q_{ki}\}$标记均匀设计表 $U_n^*(n^t)$或 $U_n(n^t)$中的原始元素。

② 构造新元素 c_{ki}

对于每一个 i，按照下式构造其 c_{ki}，$c_{ki}=(2q_{ki}-1)/(2n)$

③ 构造混料均匀采样点 x_{ki}，$x_{ki}=(1-c_{ki}^{\frac{1}{s-i}})\prod_{j=1}^{i-1}c_{kj}^{\frac{1}{s-j}}$，$i=1,\cdots,s-1$，$x_{ks}=\prod_{j=1}^{s-1}c_{kj}^{\frac{1}{s-j}}$，$k=1,\cdots,n$

则$\{x_{ik}\}$就给出了相应的 s 和 n 情况下的混料均匀设计表 $UM_n(n^s)$。

表 9.12 的混料均匀设计表 $UM_{19}(19^3)$是以 $U_{19}^*(19^7)$为基础建立的。由于此处 $s=3$，$n=19$，由上述法则，$x_{k1}=1-c_{k1}^{0.5}$，$x_{k2}=c_{k1}^{0.5}(1-c_{k2})$，$x_{k3}=c_{k1}^{0.5}c_{k2}$。

进一步，可以得到收益率函数 f_1 和风险函数 f_2，及其青睐概率和排序在采样点上的分布情况，见表 9.13。

图 9.3 给出了采样点和优选点的位置。结果表明，离散化的第 5 个和第 7 个采样点可给出最大的总青睐概率，因此可以作为此组合证券问题的最优解。对于第 5 个采样点，其投资比例为，$x_1^*=0.5133$，$x_2^*=0.3714$，$x_3^*=0.1153$，获得的收益率为 12.46%，风险为 3.13%；对于第 7 个采样点，其投资比例为，$x_1^*=0.4151$，$x_2^*=0.5079$，$x_3^*=0.0770$，获得的收益率为 11.41%，风险为 2.42%。

表 9.12　基于均匀试验表 $U_{19}^*(19^7)$的混料均匀设计表 $UM_{19}(19^3)$

编号	x_{10}	x_{20}	c_1	c_2	x_1	x_2	x_3
1	1	9	0.0263	0.4474	0.8378	0.0896	0.0726
2	2	18	0.0789	0.9211	0.7190	0.0222	0.2588
3	3	7	0.1316	0.3421	0.6373	0.2386	0.1241
4	4	16	0.1842	0.8158	0.5708	0.0791	0.3501
5	**5**	**5**	**0.2368**	**0.2368**	**0.5133**	**0.3714**	**0.1153**
6	6	14	0.2895	0.7105	0.4620	0.1557	0.3823
7	**7**	**3**	**0.3421**	**0.1316**	**0.4151**	**0.5079**	**0.0770**
8	8	12	0.3947	0.6053	0.3717	0.2480	0.3803
9	9	1	0.4474	0.0263	0.3311	0.6513	0.0176
10	10	10	0.5	0.5	0.2929	0.3536	0.3536
11	11	19	0.5526	0.9737	0.2566	0.0196	0.7238

续表

编号	x_{10}	x_{20}	c_1	c_2	x_1	x_2	x_3
12	12	8	0.6053	0.3947	0.2220	0.4709	0.3071
13	13	17	0.6579	0.8684	0.1889	0.1067	0.7044
14	14	6	0.7105	0.2895	0.1571	0.5989	0.2440
15	15	15	0.7636	0.7632	0.1264	0.2069	0.6667
16	16	4	0.8158	0.1842	0.0968	0.7368	0.1664
17	17	13	0.8684	0.6579	0.0681	0.3188	0.6131
18	18	2	0.9211	0.0789	0.0403	0.8839	0.0758
19	19	11	0.9737	0.5526	0.0132	0.4414	0.5453

表 9.13 在采样点上收益率、风险、青睐概率和排序情况的评估结果

编号	收益率 f_1	风险 f_2	P_{f1}	P_{f2}	$P_t\times10^3$	排序
1	0.1390	0.0500	0.0526	0.0562	2.9553	8
2	0.1542	0.0557	0.0584	0.0516	3.0148	5
3	0.1331	0.0391	0.0504	0.0648	3.2670	3
4	0.1563	0.0584	0.0592	0.0494	2.9248	10
5	**0.1246**	**0.0313**	**0.0472**	**0.0710**	**3.3518**	**1**
6	0.1536	0.0585	0.0582	0.0494	2.8715	13
7	**0.1141**	**0.0242**	**0.0432**	**0.0767**	**3.3151**	**2**
8	0.1479	0.0559	0.0560	0.0515	2.8839	11
9	0.1020	0.0199	0.0386	0.0801	3.0952	4
10	0.14	0.0510	0.0530	0.0554	2.9357	9
11	0.1823	0.1007	0.0690	0.0158	1.0911	19
12	0.1302	0.0444	0.0493	0.0606	2.9873	7
13	0.1759	0.0974	0.0666	0.0184	1.2271	18
14	0.1187	0.0370	0.0450	0.0665	2.9897	6
15	0.1676	0.0919	0.0635	0.0228	1.4444	17
16	0.1058	0.0303	0.0401	0.0718	2.8775	12
17	0.1577	0.0847	0.0597	0.0285	1.7024	16
18	0.0915	0.0274	0.0347	0.0741	2.5677	14
19	0.1462	0.0761	0.0554	0.0354	1.9596	15

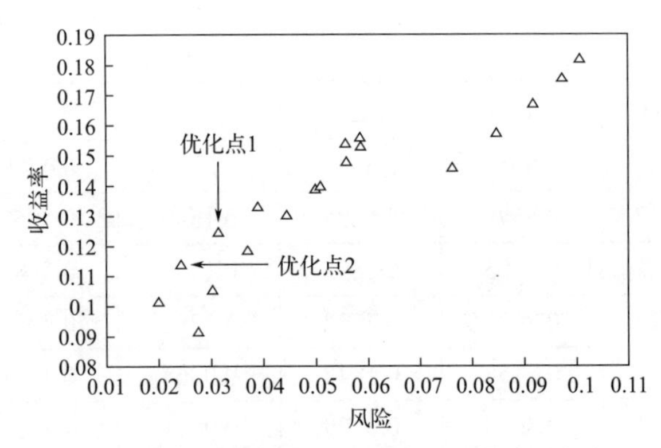

图 9.3　采样点和优选点的位置

9.5　工程项目的多目标优化问题

工程项目管理也是一个多目标优化问题，需要在较低工程成本、较低资源消耗、控制项目工期和确保工程质量的情况下实施和完成[33,34]。从系统论的观点来看，工程项目的多目标优化问题，一般由费用子系统、资源控制子系统、工期子系统和质量子系统等构成，这些子系统之间具有相对独立性，各自完成自身的特定功能和运行目标。

整体上，各工程项目子系统之间又是相互影响、相互制约的，应全面考虑工程的整体目标，才能发挥系统的整体功能。使工程在整体上达到最优，实现工期、成本、质量和资源投入等之间的协同。

本节采用概率基多目标优化方法研究工程项目的协同优化问题。

以某个工程项目为例。其中包含 6 个方案和原计划，每个方案的工期、总费用、资源方差等如表 9.14 所示[33]。而且设定工期、总费用、资源方差的权重因子分别为 0.23、0.70 和 0.07。

表 9.14　工程项目的 6 个方案和原计划以及目标值

方案	工期/天	资源方差	总费用/万元
1	24	3.942	55.8
2	21	2.916	55.5
3	20	3.048	55.4

续表

方案	工期/天	资源方差	总费用/万元
4	18	1.883	55.9
5	16	1.928	59.4
6	14	1.886	64.4
原计划	26	4.876	57.0

依照题意，工期、总费用和资源方差都是成本型指标。表 9.15 给出了该工程项目的评价结果。评价结果表明，方案 4 是最佳的协同方案。

表 9.15　工程项目的评价结果

方案	偏青睐概率			总青睐概率 P_t×10	排序
	$P_{工期}$	$P_{资源}$	$P_{总费用}$		
1	0.1135	0.1050	0.1471	1.3532	6
2	0.1348	0.1432	0.1477	1.4434	4
3	0.1418	0.1383	0.1480	1.4585	3
4	0.1560	0.1817	0.1468	1.5113	1
5	0.1702	0.1800	0.1388	1.4813	2
6	0.1844	0.1816	0.1273	1.4211	5
原计划	0.0993	0.0702	0.1443	1.2590	7

9.6　机械加工过程优化中的应用

对于板料冲压成形过程，冲压质量依赖于工艺参数，而工艺参数之间又有耦合作用，因而研究工艺参数之间的合理搭配对于提高板料成形质量，降低成本具有实际意义。

目前，大多企业主要依赖经验对零件加工过程中的多工艺步骤成形工艺参数进行匹配，或者以试错法获得较好的结果。

计算机技术的高速发展为计算机辅助工程（CAE）提供了条件，并且已有采用计算机辅助工程进行板料成形过程分析的实例[35,36]。通过计算机辅助工程对成形过程进行设计和模拟，可以分析鉴别和优化成形工艺，得出较为可靠的结果。

表 9.16 给出了对低碳钢料零件进行一次拉深成形的正交试验法设计方案[35]。以摩擦系数、预拉深压边力、拉深压边力、板料尺寸等为输入参量，变形不充分率和起皱率为目标属性，现欲找到一组最优的工艺参数组合，实现冲压成形过程优化。表 9.16 给出了 4 个输入参量和 3 个水平的数据。板料宽度方向的尺寸为250mm 保持不变，故表 9.16 中只给出其长度方向的尺寸。表 9.17 为采用正交试验表 $L_9(3^4)$的设计和模拟结果，并且假定两个目标属性的重要程度为：变形不充分率占 5/6，起皱率占 1/6 倍。变形不充分率和起皱率均属于成本型属性。表 9.18 给出了评估结果。由表 9.18 可以直接给出其直观的优化结果为 $A_3B_3C_2D_1$，故最佳组合应在其附近。进一步通过极差分析，可以得出深度优化结果。表 9.19 给出了极差分析的评估结果。从表 9.19 可以看出，最佳组合是 $A_3B_3C_2D_2$，的确与直观分析的优化结果相差不远。

表 9.16 板料成形加工过程的因素-水平表

水平	输入参量			
	摩擦系数（A）	预拉深压边力（B）/kN	拉深压边力（C）/kN	板料长度（D）/mm
1	0.1	100	150	280
2	0.125	125	175	290
3	0.15	150	200	300

表 9.17 采用正交试验表 $L_9(3^4)$的设计和模拟结果

编号	A	B	C	D	变形不充分率（α）/%	起皱率（β）/%
1	1	1	1	1	10	15
2	1	2	2	2	8	13
3	1	3	3	3	7	12
4	2	1	2	3	8	13
5	2	2	3	1	8	12
6	2	3	1	2	6.5	10
7	3	1	3	2	7	11
8	3	2	1	3	7	10.5
9	3	3	2	1	5	10

表 9.18　采用正交试验表 $L_9(3^4)$模拟的评估结果

编号	青睐概率		总青睐概率 $P_t\times10^2$	排序
	P_α	P_β		
1	0.0730	0.0844	0.6160	9
2	0.1022	0.1013	1.0348	7
3	0.1168	0.1097	1.2812	5
4	0.1022	0.1013	1.0348	7
5	0.1022	0.1097	1.1211	6
6	0.1241	0.1266	1.5707	2
7	0.1168	0.1181	1.3798	4
8	0.1168	0.1224	1.4291	3
9	0.1460	0.1266	1.8479	1

表 9.19　极差分析的评估结果

水平	参量			
	A	B	C	D
1	0.9773	1.0102	1.2053	1.1950
2	1.2422	1.1950	1.3059	1.3284
3	1.5523	1.5666	1.2607	1.2484
极差	0.5749	0.5564	0.1006	0.1335
次序	1	2	4	3

9.7　多目标机械优化设计

（1）概述

机械优化设计就是针对给定的工况，以机械产品的形态、几何尺寸关系等作为约束条件，将机械系统的功能、强度和经济性等作为优化目标（属性），选取适当的设计变量，使目标函数达到其最优值（状态）的一种设计方法。此外，实施机械优化设计后，一方面可以提高产品的质量和工作性能，绿色环保，而且还可减轻机械设备的体积（重量）、减少材料消耗、降低制造成本。

在机械优化设计中，目标函数的数量往往较多，输入变量也不少，而且各个子目标之间的优化往往是相互矛盾的。因此，机械优化设计属于多目标优化问题。目前，由于受到较为流行的多目标优化方法固有缺陷的限制，机械优化设计的有关措施难以起到应有的效果。

尤飞等针对用于大型真空注型机升降系统的蜗轮蜗杆传动机构[37]，在满足其强度要求的条件下，以蜗轮齿冠体积最小和齿面相对滑动速度趋于最小为目标指标，采用权重法进行了优化，得到了其"满意解"。仲昭杰等针对爬壁机器人设计[38]，以质量最小、位移变形最小和最大应力最小化作为优化目标，采用响应面法和 Pareto 解集进行优化，然后挑选出"最终解"。

基于以上分析，本节就以这两个例子为实例，按照概率基多目标优化方法，采用均匀设计进行离散化处理，以及序贯优化法重新求解这两个问题，并对有关结果进行对比分析。

（2）机械优化设计问题的概率基多目标方法求解

① 蜗轮蜗杆传动机构设计

尤飞等针对大型真空注型机升降系统的蜗轮蜗杆传动机构进行研究[37]，以蜗轮齿冠体积（V）最小和齿面相对滑动速度（v_s）趋于最小化作为目标指标，以蜗轮端面模数 m、蜗杆直径系数 q 及蜗杆头数 z_1 作为独立设计变量，采用权重法进行了优化。经过建模处理后，得到的目标函数为[37]：

$$\min f_1(z_1,q,m) = 4.8m^3(q+2)(15z_1-3.4) \tag{9.5}$$

$$\min f_2(z_1,q,m) = 0.0706m(q^2+z_1^2)^{0.5} \tag{9.6}$$

其约束条件为：

$$2\leqslant z_1\leqslant 4，2\leqslant m\leqslant 18，8\leqslant q\leqslant 16 \tag{9.7}$$

由于涉及 m、q 和 z_1 三个输入变量，使用文献建议的离散化方法进行处理[16]，至少需要 19 个离散点。我们采用均匀设计表 $U_{19}^*(19^7)$进行离散化近似处理，其结果见表 9.20。其中 x_{10}、x_{20} 和 x_{30} 为 $U_{19}^*(19^7)$表中散布点在[1,19]×[1,19]×[1,19]空间中的坐标位置。由于目标函数 f_1 和 f_2 都是取极小值，故按照成本型指标进行评估。表 9.21 给出了离散点上目标函数 f_1 和 f_2 的取值，以及偏青睐概率、总青睐概率的评价结果和排序。从表 9.21 可以看出，第 11 个采样点具有最大的总青睐概率 P_t，因此它可以作为本次优化的近似结果。从表 9.21 可以得到第 11 个采样点相对应的 $f_1^*(z_1,m,q) = 32508.11$ 和 $f_2^*(z_1,m,q) = 1.6358$，此值明显优于尤飞等所报道的结果[37]，即 $f_1(z_1,m,q) = 64824.58$ 和

$f_2(z_1,m,q) = 19.95$。同时，新优化点的位置为 $z_1{}^* = 3.1053$，$m^* = 2.4211$，$q^* = 9.0526$，也异于尤飞等的结果 $z_1 = 3.7454$，$m = 2.8326$，$q = 9.2581$[37]。此外，如果采用尤飞等给出的权重因子[37]，即 $w_1 = 0.8333$，$w_2 = 0.1667$，则得到表 9.22 的评价结果。从表 9.22 可以看出，第 11 个采样点仍然具有最大的总青睐概率 P_t，因此有关优化点的评价结果仍未变化。

表 9.20　采用 $U^*_{19}(19^7)$进行离散化的结果

编号	x_{10}	x_{20}	x_{30}	z_1	m	q
1	1	11	13	2.0526	10.8421	13.2632
2	2	2	6	2.1579	3.2632	10.3158
3	3	13	19	2.2632	12.526	15.7895
4	4	4	12	2.3684	4.9474	12.8421
5	5	15	5	2.4737	14.2105	9.8947
6	6	6	18	2.5789	6.6316	15.3684
7	7	17	11	2.6842	15.8947	12.4211
8	8	8	4	2.7895	8.3158	9.4737
9	9	19	17	2.8947	17.5790	14.9474
10	10	10	10	3	10	12
11	**11**	**1**	**3**	**3.1053**	**2.4211**	**9.0526**
12	12	12	16	3.2105	11.6842	14.5263
13	13	3	9	3.3158	4.1053	11.5790
14	14	14	2	3.4211	13.3684	8.6316
15	15	5	15	3.5263	5.7895	14.1053
16	16	16	8	3.6316	15.0526	11.1579
17	17	7	1	3.7368	7.4737	8.2105
18	18	18	14	3.8421	16.7368	13.6842
19	19	9	7	3.9474	9.1579	10.7368

表 9.21　在离散点上函数值、偏青睐概率、总青睐概率的评价结果和排序

编号	函数值		偏青睐概率		总青睐概率 $P_t \times 10^3$	排序
	f_1	f_2	P_{f1}	P_{f2}		
1	2557468	10.2732	0.0612	0.0466	2.8526	11
2	59503.51	2.4280	0.0704	0.0823	5.7909	2
3	5126822	14.1063	0.0517	0.0292	1.5104	15

续表

编号	函数值		偏青睐概率		总青睐概率 $P_t \times 10^3$	排序
	f_1	f_2	P_{f1}	P_{f2}		
4	277153.5	4.5612	0.0696	0.0726	5.0504	4
5	5522355	10.2325	0.0503	0.0468	2.3529	13
6	857892.4	7.2959	0.0674	0.0602	4.0569	8
7	10246859	14.2603	0.0329	0.0285	0.9369	17
8	1217480	5.7980	0.0661	0.0670	4.4274	7
9	17685226	18.8955	0.0055	0.0074	0.0408	18
10	2795520	8.7327	0.0603	0.0536	3.2339	10
11	**32508.11**	**1.6358**	**0.0705**	**0.0859**	**6.0529**	**1**
12	5663502	12.2720	0.0497	0.0375	1.8674	14
13	208956.9	3.4908	0.0698	0.0775	5.4083	3
14	5841952	8.7631	0.0491	0.0535	2.6256	12
15	742481	5.9428	0.0679	0.0663	4.4999	6
16	11001759	12.4699	0.0301	0.0366	1.1025	16
17	1077243	4.7598	0.0666	0.0717	4.7764	5
18	19141533	16.7948	0.0001	0.0170	0.0020	19
19	2620632	7.3962	0.0609	0.0597	3.6387	9

表 9.22　考虑权重因子时在离散点上总青睐概率的评价结果和排序

编号	总青睐概率 $P_t \times 10^2$	排序
1	5.8467	11
2	7.2230	2
3	4.7016	15
4	7.0064	4
5	4.9667	13
6	6.6161	8
7	3.2095	16
8	6.6250	7
9	0.5767	18

续表

编号	总青睐概率 $P_t \times 10^2$	排序
10	5.9131	10
11	**7.2833**	**1**
12	4.7461	14
13	7.1039	3
14	4.9791	12
15	6.7596	5
16	3.1092	17
17	6.7443	6
18	0.0273	19
19	6.0734	9

② 爬壁机器人设计

仲昭杰等针对爬壁机器人设计[38]，以质量（m）最小、位移变形（T_1）最小和最大应力（T_2）最小化为优化目标，采用响应面法和 Pareto 解集进行优化，然后再挑选出“最终解”。其中输入变量 x_1、x_2 和 x_3 的变化范围为：$x_1 = 432～528$mm；$x_2 = 54～66$mm；$x_3 = 9～11$mm。在优化过程中，还采用了 MOGA 多目标遗传优化算法（NSGA-H），即第二代非基因支配策略的遗传算法。其初始种群生成使用了 3000 个样本，而每次迭代需要 600 个样本，最大允许的遗传代数是 20 代，变异系数设置为 0.01，交叉系数设置为 0.98。最大允许的 Pareto 比例设定为 60%，收敛稳定性设定为 2%。最后，得到了三组候选点，并从其中挑选出第一组。优化后的质量 m 为 9.51kg，最大变形量 T_1 为 0.53mm，最大应力 T_2 为 6.55MPa，作为其“最终解”[38]。

下面采用概率基多目标优化方法，以及均匀设计进行离散化和序贯优化法重新对其求解，将所得优化结果与仲昭杰等的有关结果进行对比和分析。

仲昭杰等所采用的试验设计方法，将参数敏感性筛选与拉丁超立方试验相结合[38]，产生了 15 个样本点，其结果摘录于表 9.23 中。表 9.24 给出了对这 15 个样本点上 m、T_1 和 T_2 值的偏青睐概率、总青睐概率的评价结果和排序。从表 9.24 可以看出，第 6 个样本点具有最大的总青睐概率 P_t。因此，本问题的优化点就应该处在第 6 个样本点附近。

表 9.23　仲昭杰等设计和结果摘录

编号	宽度（x_1）/mm	长度（x_2）/mm	厚度（x_3）/mm	质量（m）/kg	最大变形量（T_1）/mm	最大应力（T_2）/MPa
1	486.4	63.2	10.1	11.49	0.62	7.42
2	505.6	60.2	10.3	11.19	0.58	7.48
3	435.2	60.8	9.3	10.12	0.75	9.97
4	499.2	54.4	10.8	10.64	0.6	6.96
5	441.6	56.3	9.4	9.54	0.73	9.03
6	**524.8**	**55.2**	**9.2**	**9.71**	**0.52**	**6.54**
7	492.8	64.8	10.6	12.29	0.61	6.92
8	518.4	62.4	10.5	11.91	0.6	6.32
9	460.8	56.8	10.1	10.19	0.68	8.45
10	454.4	61.6	10.9	11.74	0.72	8.48
11	473.6	58.4	9.7	10.31	0.64	7.34
12	448.1	64	9.6	10.92	0.72	8.93
13	480.2	59.2	9.8	10.58	0.63	7.74
14	512.5	65.6	9.2	11.05	0.55	7.65
15	467.2	57.6	10.4	10.67	0.67	8.24

表 9.24　此 15 个样本点 m、T_1 和 T_2 值的偏青睐概率、总青睐概率的评价结果和排序

编号	偏青睐概率			总青睐概率 $P_t \times 10^4$	排序
	P_m	P_{T1}	P_{T2}		
1	0.0626	0.0688	0.0699	3.0134	8
2	0.0644	0.0729	0.0694	3.2610	6
3	0.0709	0.0557	0.0498	1.9667	15
4	0.0678	0.0709	0.0735	3.5311	3
5	0.0744	0.0577	0.0572	2.4573	12
6	**0.0734**	**0.0789**	**0.0768**	**4.4535**	**1**
7	0.0578	0.0698	0.0738	2.9802	9
8	0.0601	0.0709	0.0786	3.3451	4
9	0.0705	0.0628	0.0618	2.7338	11
10	0.0611	0.0587	0.0616	2.2084	14

续表

编号	偏青睐概率			总青睐概率 $P_t \times 10^4$	排序
	P_m	P_{T1}	P_{T2}		
11	0.0698	0.0668	0.0705	3.2879	5
12	0.0661	0.0587	0.0580	2.2503	13
13	0.0681	0.0678	0.0674	3.1138	6
14	0.0653	0.0759	0.0681	3.3752	2
15	0.0676	0.0638	0.0634	2.7347	10

对 P_t、m、T_1 和 T_2 与输入变量 x_1、x_2 和 x_3 之间进行拟合，得到如下回归结果：

$$P_t \times 10^4 = -18.7985+0.256928x_1-0.5451x_2-4.99662x_3-0.00022x_1^2$$

$$+0.003651x_2^2+0.123263x_3^2-0.00058x_1x_2+0.000456x_1x_3+0.033007x_2x_3 \quad (9.8)$$

$$R^2 = 0.9922$$

$$m = 10.80453+0.056328x_1+0.050971x_2-5.09686x_3-6.3\times10^{-5}x_1^2$$

$$-0.00088x_2^2+0.142866x_3^2-0.00022x_1x_2+0.002309x_1x_3+0.032387x_2x_3 \quad (9.9)$$

$$R^2 = 0.9990$$

$$T_1 = 4.837274-0.02588x_1+0.024731x_2+0.330507x_3+2.26\times10^{-5}x_1^2$$

$$-0.00021x_2^2-0.01433x_3^2+2\times10^{-5}x_1x_2+6.53\times10^{-5}x_1x_3-0.00078x_2x_3 \quad (9.10)$$

$$R^2 = 0.9920$$

$$T_2 = -16.7851-0.39669x_1+1.943064x_2+13.84361x_3+0.000429x_1^2$$

$$-0.00879x_2^2-0.17798x_3^2+0.00049x_1x_2-0.00775x_1x_3-0.11098x_2x_3 \quad (9.11)$$

$$R^2 = 0.9503$$

进一步，在第 6 个样本点附近，可以采用序贯优化实施后续深度优化。

此处采用均匀设计表 $U_{19}^*(19^7)$进行序贯优化，其结果如表 9.25 所示，其中每个采样点的 P_t 值由式（9.9）～式（9.11）预测出 m、T_1 和 T_2 的数值后评估得到。而表 9.25 中第 0 步的 P_t 取自表 9.24 的数值，即 4.4535。此外，从表 9.25 中可以看出，所给出的最大总青睐概率 P_t 是缓慢减小的。

再者，如果将 $c^{(t)}$的极限小量设置为 $d = 4\%$，则此序贯优化到了第 4 步就可以终止了。此时，得到优化点的结果为，$x_1^* = 523.0789\text{mm}$；$x_2^* = 54.0211\text{mm}$；$x_3^* = 9.0158\text{mm}$，相应的优化目标值为质量 $m^* = 9.46\text{kg}$，最大变形量 $T_1^* =$

0.50mm，最大应力 $T_2^* = 6.14$MPa。其中 m^*、T_1^*和 T_2^*的数值是将优化点的位置代入拟合出式（9.9）～式（9.11）后预测得到的。此结果显然优于仲昭杰等所给出的“最终解”，且优化过程也较为简单。

表 9.25　采用 $U_{19}^*(19^7)$进行序贯优化的评估结果

步阶	区域/mm	优化点位置			最大总青睐概率 $P_t\times10^4$	$c^{(t)}$
		x_1^*	x_2^*	x_3^*		
0	[432,528]×[54,66]×[9,11]	524.8	55.2	9.2	4.4535	
1	[500,528]×[54,60]×[9,10]	515.4737	54.1579	9.1316	1.7985	
2	[510,528]×[54,57]×[9,9.5]	519.9474	54.0790	9.0658	1.6469	0.0843
3	[514,528]×[54,55.5]×[9,9.25]	521.7368	54.0395	9.0329	1.5582	0.0538
4	[517,528]×[54,54.8]×[9,9.12]	523.0789	54.0211	9.0158	1.5111	0.0302

（3）结论

从以上优化过程和结果可以看出，对于多目标机械优化设计，采用概率基多目标优化方法，以及均匀设计离散化处理和序贯优化，不仅可以得到优异的优化结果，而且优化过程也较为简单。

9.8 小结

本章将概率基多目标优化方法用于解决包括交通、金融、规划、机械加工、多目标机械优化设计等领域或行业的多目标优化问题，均得到了有效的优化结果。可以进一步采用均匀设计离散化和序贯优化，实施后续深度优化，获得更为精准的优化结果。

参考文献

[1] Dijkstra E. W.. A note on two problems in connection with graphs. Num. Math., 1959, 1, 269-271.

[2] Cai X., Kloks T., Wong C. K.. Time varying shortest path problems algorithm for problems with constraints. Networks, 1997, 29: 141-149. DOI: 10.1002/(SICI) 1097-0037(199705)29:33.0.CO; 2-H.

[3] Irina Loachim S. G.. A dynamic programming algorithm for the shortest path problem with time windows and linear node code. Networks, 1998, 31: 193-204. CCC 0028-3045/98/030193-12.

[4] Mirchandani P.. A simple $O(n^2)$ algorithm for the al-l pairs shortest path problem on an interval graph. Networks, 1996, 27: 215-217. CCC 0028-3045/96/030215 -03.

[5] Burton D., Toint Ph. L.. On an instance of the inverse shortest pairs problem. Mathematical Programming, 1992, 53: 45-61.

[6] Yu G., Yang J.. On the robust shortest path problem. Computer & Ops. Res., 1998, 25: 457-468, PII: S0305-0548(97)00085-3.

[7] Pelegrim B., Fernqndez P.. On the sum-max bi-criterion path problem. Computer & Ops. Res., 1998, 25: 1043-1054. https://doi.org/10.1016/S0305-0548(98) 00036-7.

[8] Current J., Marsh M.. Multi-objective transportation network design and routing problems: taxonomy and annotation. European Journal of Operational Research, 1993, 65: 1-15. https://doi.org/10.1016/0377-2217(93)90140-I.

[9] Hao G., Zhang D., Feng D.. Model and algorithm for shortest path of multiple objectives. Journal of Southwest Jiaotong University, 2007, 42(5): 641-646. DOI: 0258-2724(2007)05-0641-06.

[10] Wei H., Pu Y., Li J.. An approach to bi-objective shortest path. Systems Engineering, 2005, 23(7): 113-117. DOI: 1001-4098(2005)07-0113-05.

[11] Hao G., Zhang D., Wang D.. A fast algorithm for bi-objective shortest path. Journal of Highway and Transportation Research and Development, 2007, 24(11): 96-104, DOI: 10.3969/j.issn.1002- 0268.2007.11.022.

[12] Current J., Revelle C., Cohon J.. An interactive approach to indentify the best compromise solution for two objective shortest path problems. Computer & Ops. Res., 1990, 17(2): 187-198. https://doi.org/10.1016/0305-0548(90)90042-6.

[13] Coutinaho-Rodrigues J., Climcao J., Current J.. An interactive bi-objective shortest path approach: search for unsupported non-dominated solutions. Computer & Ops. Res., 1999, 26: 789-798. https://doi.org/10.1016/S0305- 0548(98)00094-X.

[14] Hansen P.. Bicriterion path problems. In: Fandel G., Gal T. Ed., Multiple criteria decision making theory and application, 1979, 109-127. Berlin, Heidelberg: Springer, DOI: 10.1007/978-3-642- 48782-8_9.

[15] Clímaco J. C. N., Martins E. Q. V.. A bicriterion shortest path algorithm. European Journal of Operational Research, 1982, 11: 399-404. https://doi.org/ 10.1016/0377-

2217(82)90205-3.

[16] Zheng M., Yu J., Teng H., Cui Y., Wang Y.. Probability-Based Multi-objective Optimization for Material Selection. 2nd Ed. Singapore: Springer, 2023. https://doi.org/10.1007/978-981-99-3939-8.

[17] Kang T., Zhang X., Wang Z., He S.. Algorithm for shortest path of multi-objectives based on k short path algorithm. Journal of Changzhou Institute of Technology, 2011, 34(3, 4): 26-27, 33. DOI: 1671-0436(2011) 03 /04-0025-03.

[18] 常浩娟, 吴琼, 刘晓琳. 运筹学教程. 天津: 天津科学技术出版社, 2019.

[19] 刘三明. 多目标规划的理论方法及其应用研究. 上海: 上海交通大学出版社, 2014.

[20] Zheng M., Wang Y., Teng H.. A new “Intersection” method for multi-objective optimization in material selection. Tehnicki Glasnik, 2021, 15(4): 562-568. https://doi.org/10.31803/tg-202109 01142449.

[21] Zheng M., Wang Y., Teng H.. An novel method based on probability theory for simultaneous optimization of multi-object orthogonal test design in material engineering. Kovove Materialy, 2022, 60(1): 45-53.

[22] Zheng M., Wang Y., Teng H.. A novel approach based on probability theory for material selection. Materialwissenschaft und Werkstofftechnik, 2022, 53(6): 666-674. https://doi.org/10.1002/mawe. 202100226.

[23] Hua L.-K., Wang Y.. Applications of Number Theory to Numerical Analysis. Berlin, New York: Science Press, Springer, 1981.

[24] Fang K-T., Wang Y.. Number-theoretic Methods in Statistics. London, UK: Chapman & Hall, 1994. https://doi.org/10.1007/978-1-4899-3095-8.

[25] Fang K.-T., Liu M.-Q., Qin H., Zhou Y-D. Theory and Application of Uniform Experimental Designs. Beijing, Singapore: Science Press & Springer Nature, 2018. https://doi.org/10.1007/978- 981-13-2041-5.

[26] 方开泰. 均匀设计和均匀设计表. 北京: 科学出版社, 1994.

[27] Zheng M., Teng H., Wang Y.. Hybrids of uniform test and sequential uniform designs with “intersection” method for multi objective optimization. *Tehnicki Glasnik*, 2023, 17(1): 94-97, https://doi.org/10.31803/TG-20211130132744.

[28] 应玖茜. 多目标规划. 北京: 人民教育出版社, 1988.

[29] 李华, 李兴斯. 证券投资组合理论的一种新模型及其应用. 运筹与管理, 2003, 12(6): 83-86.

[30] 任敬喜, 高齐圣, 张嗣瀛. 证券组合投资决策：系统思考和实验设计. 系统管理学报, 2007, 16(4): 457-459.

[31] 肖忠意, 周雅玲. 证券组合市场风险与收益的实证研究. 贵州财经大学学报,

2014, 40(3): 32-38.
[32] 王爽. 证券投资学. 北京: 科学出版社, 2022.
[33] 张保忠. 基于协同理念的项目进度管理多目标优化研究. 中国制造业信息化, 2008, 17: 14-17.
[34] 刘晓峰, 陈通, 吴绍艳. 工程项目多目标协同优化研究. 中国工程科学, 2010, 12(3): 90-94.
[35] 李正芳, 安治国, 卢飞. 某汽车零件多工步成形的工艺参数多目标优化. 热加工工艺, 2015, 44(17): 92-94, 98.
[36] 么大锁, 赵凯芳, 贺莹. 汽车覆盖件拉延成形工艺参数多目标优化. 锻压技术, 2020, 45(7): 82-88.
[37] 尤飞, 胡卫东, 王建荣. 面向机械多目标优化设计的满意优化研究. 组合机床与自动化加工技术, 2012, 54(9): 28-31. Doi: 1001-2265(2012)09-0028-04.
[38] 仲昭杰, 刘芳华, 孙天圣, 狄澄, 吴万毅. 基于响应面法的爬壁机器人多目标优化设计. 40(6), 36-40, 2022. Doi: 1001-2257(2022)06-0036-05.

第10章 总结

摘要：本章对全书的内容作了一个概括性总结，殷切期望本书的议题能够诱发同仁们对有关问题的深究和研讨，起到抛砖引玉之作用。

关键词：系统论；概率论；多目标优化；青睐概率；试验设计；稳健设计；模糊论；聚类分析；独立性；应用。

通过本书所论述内容的梳理，其主要议题和结论如下：

（1）以系统论的观点来看，多目标优化就是在一个系统内多个目标同时达到最优的过程。这种优化是系统整体的最优，各个目标属性都在这一前提下，相互协调达到各自的“优化”。

（2）在系统整体最优的旗帜下，系统内多个目标的同时优化和相互协调，可以通过集合论和概率论的“交集”和“联合概率”的方法来处理。基于概率的多目标优化方法，可望从整体上恰当地反映出多个目标同时优化的本质。

（3）在优化过程中，对候选对象的每一个属性指标的效用的青睐（偏爱）程度，都可以采用新提出的“偏青睐概率”的概念来定量表征。候选对象的总青睐概率是其各个属性指标的偏青睐概率的乘积，它是该候选对象的唯一表征指标。并且，可以将属性指标的效用划分为效益型和成本型两个基本类型进行评估。

（4）概率基多目标试验设计，是将概率基多目标优化理论与几种典型的单目标试验设计方法（正交试验法、响应面法、均匀试验法）相结合的结果，并以各个实验方案的总青睐概率作为最终的评估指标，进行评判和优化。

（5）在稳健性评价过程中，将各个属性指标效用值的数据分为算术平均值和标差两个部分，并以其平均值体现该属性指标效用的功能，而其标差部分则按照成本型效用参与评估，从而体现其同时优化的意旨。对于属性指标的效用包含期望值的问题，则可转化为“准成本型”属性进行处理。

（6）离散化处理，序贯优化，以及误差分析是多目标优化过程的后续工作，可以采用“好格点”方法进行有关处理。业已提供了其误差分析的基本思路和方法；概率基模糊多目标优化是概率基多目标优化理论与模糊理论相结合的产物，是新近发展的一项内容，旨在探讨模糊相关问题的处理。

（7）多个目标的聚类分析用于判定目标之间的“独立性”。在进行多目标优化分析时，可以将属性变化规律线性相关度很高的归为一类，只取其中之一作为“独立目标”参与评估。如果在评估过程中有多于“独立目标”的“非独立目标”参与了多目标优化分析和评估，就等价于加大了该属性的权重因子。

（8）概率基多目标优化作为一个实用性较强的理论和方法，具有广阔的应用前景。本书内容虽然挂一漏万，但可望在运筹、金融、交通网络规划、医疗、卫生、化工、选材、机械加工等众多领域或者行业得到进一步应用和探讨、修正和发展。